深海編

水深200m以深を
「深海」と呼ぶ。
水圧につぶされそうな
暗黒の世界には、
独自の生態系が
広がっていた。

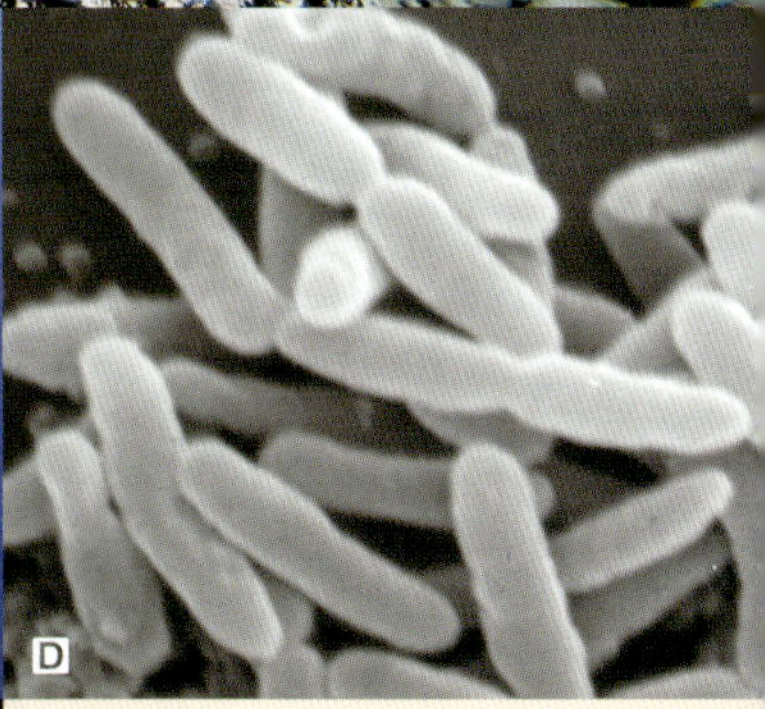

A 海底火山の下にある熱水噴出孔。豊かな生物群集が存在し、地球生命誕生の場とも考えられている。©JAMSTEC

B 潜水調査船「しんかい6500」。毎分約45mで降下し、最深6500mには約2時間半をかけて到着する。©JAMSTEC

C "辺境中の辺境"、深海にある海底火山の周辺で生きるチューブワームの一種、ジャイアント・チューブワーム。©NOAA Okeanos Explorer Program, Galapagos Rift Expedition 2011

D チューブワームの細胞内に入り込んで共生する、イオウ酸化細菌。

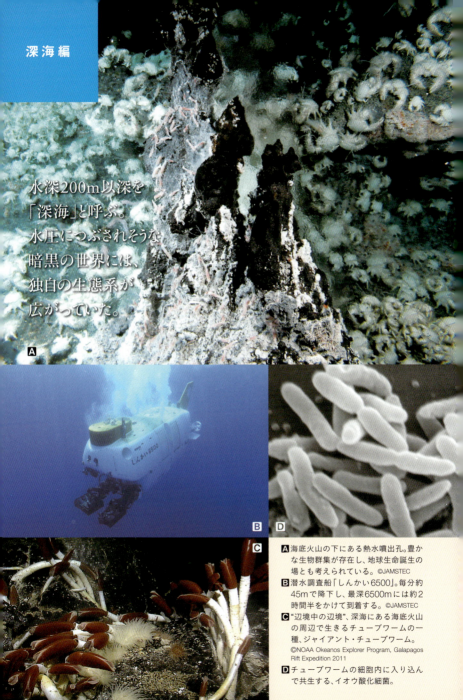

南極 & 北極編

サバイバルの厳しい
極地の環境下には、
大昔の生命環境が残されていた。

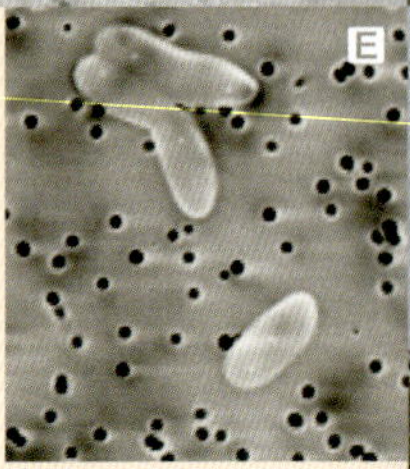

A 2011年1月、3度目に訪れた南極の風景。夏でも最高気温の平均は0℃以下。

B 露岩地域スカルブスネスの淡水湖の前で。これから調査を行う！

C "南極動物の宝庫"、リビングストン島で出会ったジェンツーペンギン。

D キャンプ地ではイモムシ型のテント（正式名称メロンハット）に寝泊まり。

E あの「タイタニック号」の残骸に生息していたハロモナス・チタニカエ。この仲間が南極にも北極にもいる。

砂漠編

一面砂の世界には、
新奇な微生物が眠っていた。
生物は、一体どこまで
小さくなるのだろう？

A

B

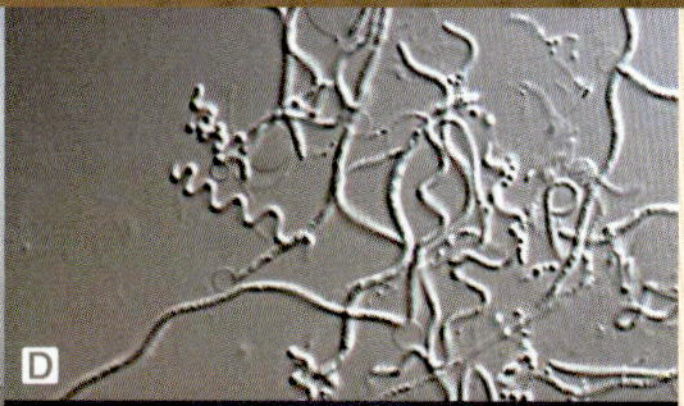

D

E

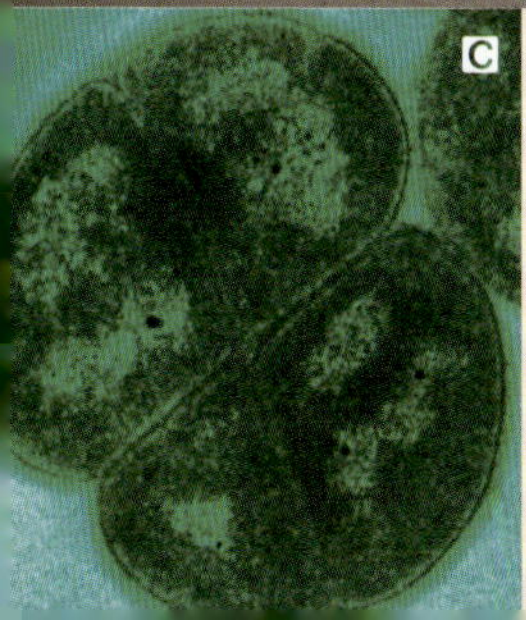

C

Aアフリカ大陸北部に広がる世界最大の砂（すな）砂漠「サハラ砂漠」。
Bヒトコブラクダに乗って。日中の気温は40℃を超えるので、外出できるのは日没後あるいは日の出前の数時間。
C放射能への驚くべき耐性をもつ極限生物、デイノコッカス・ラジオデュランス。
D「新種」よりもすごい「新綱」の発見、オリゴフレキシア綱。
Eオアシスの夜明け。

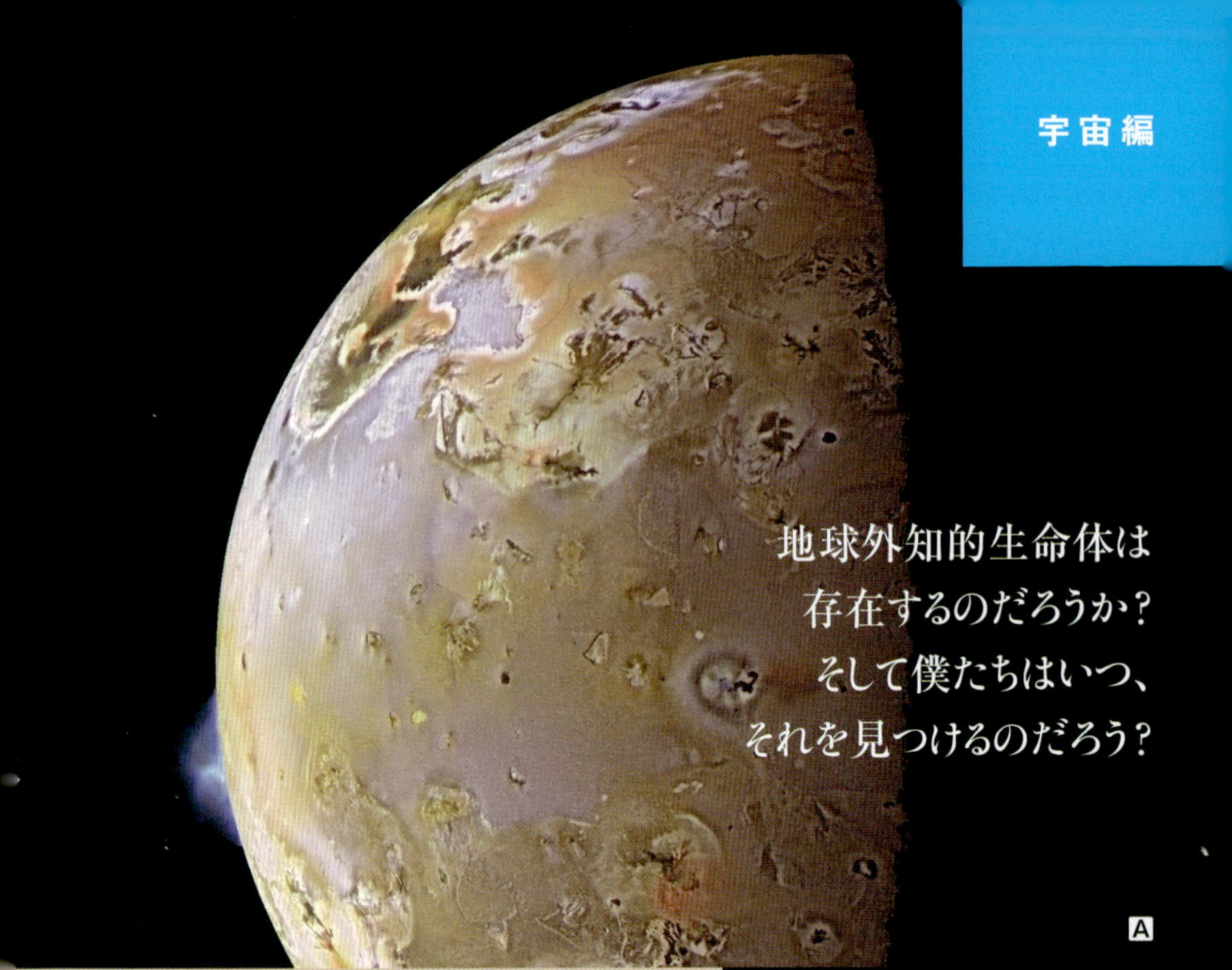

地球外知的生命体は
存在するのだろうか？
そして僕たちはいつ、
それを見つけるのだろう？

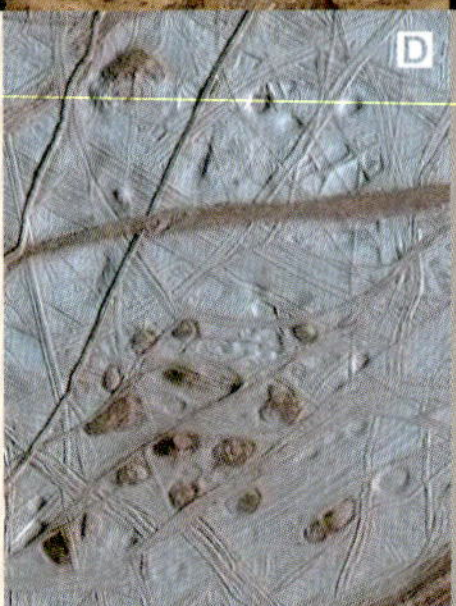

A 木星の第１衛星、イオの火山活動。第２衛星のエウロパにも火山があると考えられている。
©NASA/JPL/University of Arizona

B NASAの探査機、マーズ・パスファインダーが撮影した火星の地表。©NASA/JPL

C 太陽系外で初めて直接撮影された惑星、2M1207b（左の赤い星）。ケンタウルス座の方向にある。©ESO

D 氷で覆われたエウロパの地表。この氷の下の“海”に地球外生命の存在が期待されている。
©NASA/JPL/University of Arizona/University of Colorado

アメリカ・ユタ州の火星砂漠研究基地（MDRS）で、火星の活動を想定したシミュレーションに参加。

14歳の世渡り術
WORLDLY WISDOM FOR 14 YEARS OLD

生命の始まりを探して僕は生物学者になった

長沼毅

河出書房新社

生命の始まりを探して　僕は生物学者になった　もくじ

第2章 暗黒世界で生命を探る――深海編 55

第3章 コスモポリタンを追いかけて——南極&北極編

第4章

第5章 生命の始まりを探して――宇宙編 175

コラム　生物学の巨人たち

地球上には知られているだけで約200万種の生物が存在しています。これらを形質（形態、機能、成分）が似たもの同士に分類し、階層的に体系化することで、それぞれの関係や進化を明らかにしようとしています。分類の階級は上位から「界」→「門」→「綱」→「目」→「科」→「属」→「種」の順で、階級が上のものほど、より広い共通点や相違（そうい）点で分けられています。ここでは本書に登場する一部を紹介しています。

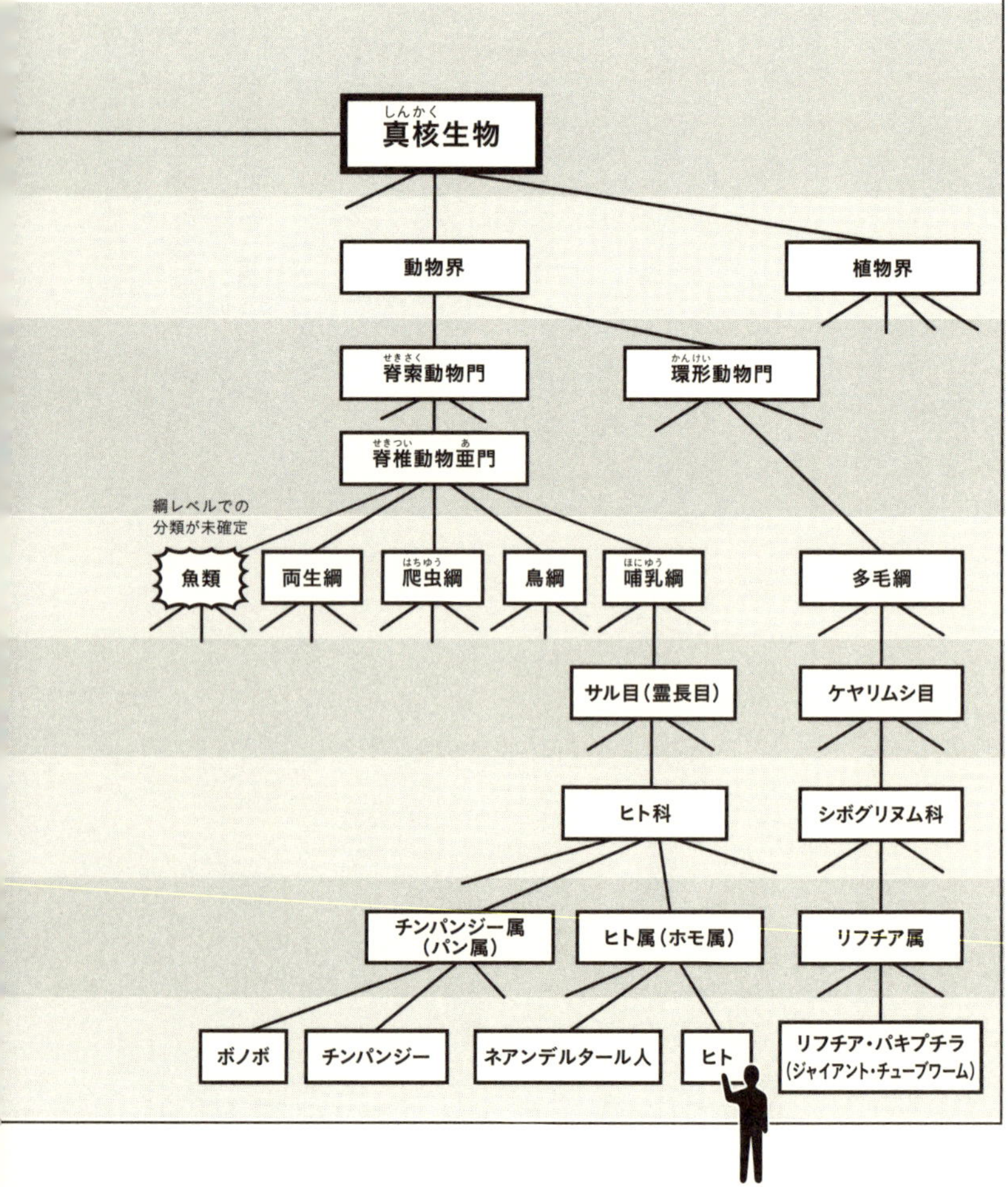

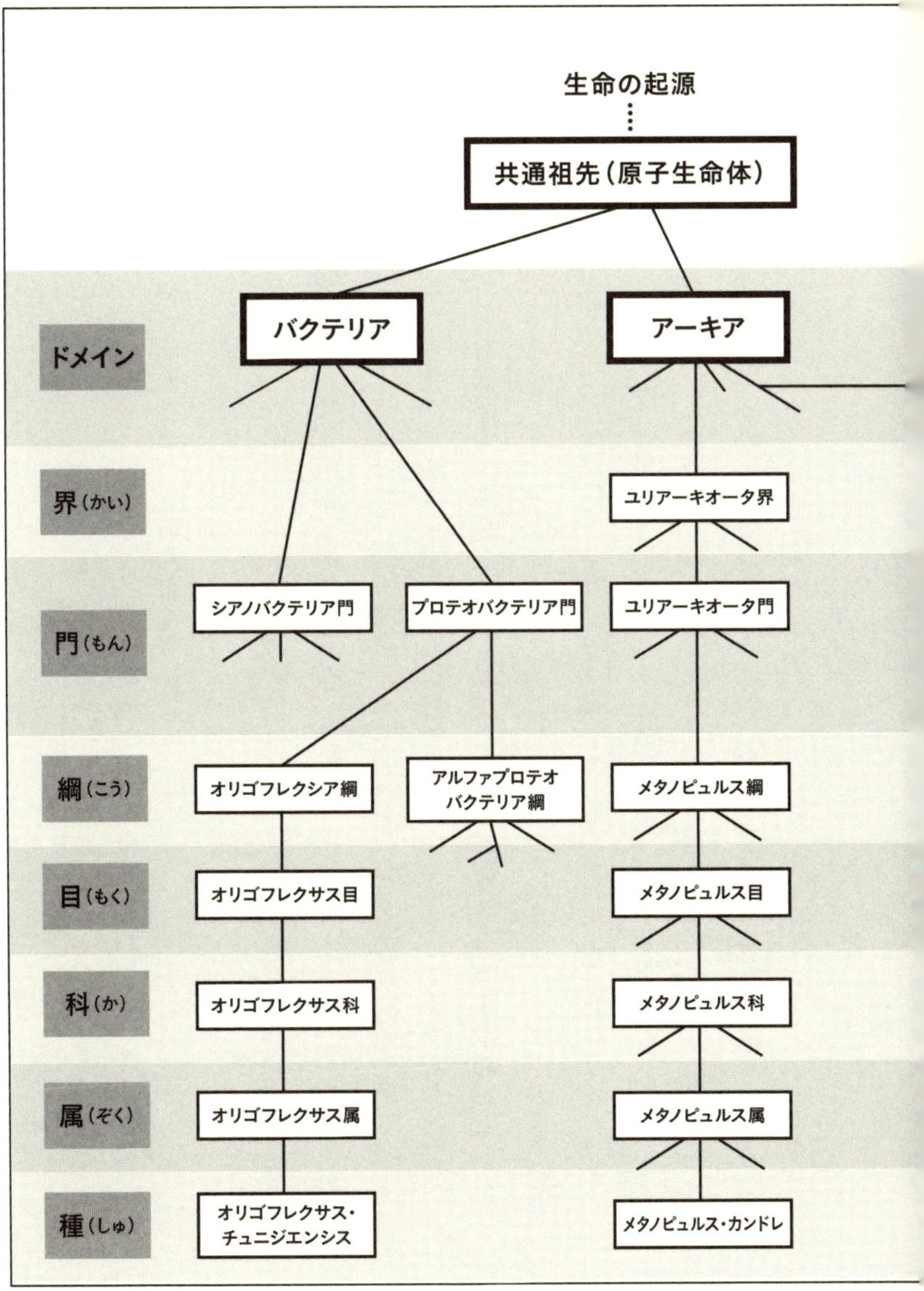

生命の起源
共通祖先（原子生命体）
ドメイン
バクテリア
アーキア
界（かい）
ユリアーキオータ界
門（もん）
シアノバクテリア門
プロテオバクテリア門
ユリアーキオータ門
綱（こう）
オリゴフレクシア綱
アルファプロテオ
バクテリア綱
メタノピュルス綱
目（もく）
オリゴフレクサス目
メタノピュルス目
科（か）
オリゴフレクサス科
メタノピュルス科
属（ぞく）
オリゴフレクサス属
メタノピュルス属
種（しゅ）
オリゴフレクサス・
チュニジエンシス
メタノピュルス・カンドレ

はじめに

辺境に行くのは、正直ちょっとめんどくさい。

僕《ぼく》は「生命」を研究しています。研究の守備範囲《はんい》は広く、人間から見たら過酷《かこく》な環境《かんきょう》で生きる生物を研究するために深海、南極、北極、砂漠《さばく》、地底、火山、高山、空などの、いわゆる「辺境」を調査しています。なかなか、普通《ふつう》の人はこんな場所には行きませんよね。こんな「辺境」の地へ、チャンスがあれば行くものですから、とんでもない冒険《ぼうけん》野郎《やろう》と思われるかもしれません。以前、テレビに出たときに脳科学者の茂木《もぎ》健一郎《けんいちろう》さんが僕のことを「科学界のインディ・ジョーンズ」と紹介《しょうかい》してくれました。実際の僕を知っている人はあの勇敢《ゆうかん》なインディ・ジョーンズと聞いて、笑っていると思います。本来の僕はできるなら大学や自宅で研究をしたり、本を読んだり、思索をして過ごしたいタイプだからです。だけど、どういうわけか辺境に行くチャンスが巡《めぐ》ってきてしまい「長沼さん行く？」と訊《たず》ねられると「行きます」と即答《そくとう》してしまう。南極も砂漠もそうでした。でも、いざ行くことが決まると「めんどくさいなあ……」と思ってしまうし、そもそも生物学者という今の職業に就いたのも、きっかけは勘違《かんちが》いや成りゆきでした（この辺は第1章でお話しします）。

インディ・ジョーンズのようなダイナミックな冒険家ではありませんが、僕自身は「生命という深淵《しんえん》なる世界」を冒険している気持ちで研究しています。ですから、この呼び名は恥《は》ずかしい反面、とてもうれしい異名です。「生物学者です」なんて自己紹介《しょうかい》するのは第1章で述べるように、僕らしくない。だけど、自己紹介するときには自分で「科学界のインディ・ジョーンズです」なんて言うのは、さすがに恥ずかしい。そこで僕は「辺境生物学者」と名乗っています。

辺境という言葉を聞いたことがあると思います。そこに行くのに大変難儀《なんぎ》するような辺鄙《へんぴ》な場所を指します。僕はその「行きづらさ」に「生きづらさ」も加えたい。「辺境の地」とは、過酷な環境のために生命体が非常に少ないのです。つまり辺境とは「生命の限界」ということ。だからこそ、辺境生物の研究は正直なところ、めんどくさいのです。

僕が取り組んでいる微生物《びせいぶつ》研究は、砂漠や南極、北極といった辺境で採取したサンプル

（試料）を実験室に持ち帰って、それに含まれている微生物を増殖《ぞうしょく》させるのですが、実験をしながら「これがなくなったら、また取りに行かなくちゃいけないんだよな……」と憂鬱《ゆううつ》な気分になるのです。

しかし、環境条件があまりにも苛酷で、生きるのさえ大変なところでも、そこで生物が耐《た》え、環境条件が好転した一瞬をついて子孫を残している、それが辺境生物の現実なのです。辺境に住む生物は、ただただ、じーっと耐えているものもあれば、その環境に適応して「住めば都」を謳歌《おうか》しているものもある。どちらにせよ、厳しい自然に淘汰《とうた》されることなく生き延びてきた種の末裔《まつえい》なんです。そう考えると愛《いと》おしさが湧《わ》き、「ああ、僕も元気に生きていかないとな」と勇気をもらう。深海、地底、南極、北極、砂漠、火山などなど、彼《かれ》らに会いたくて僕はまた辺境の旅に出る。それが嵩《こう》じて、一時は宇宙に憧れて宇宙飛行士の試験を受けたことさえもあります。

生命を考える「辺境」という物差し

辺境の過酷な環境条件としては、深海の高圧や火山の高温、南極の低温に砂漠の乾燥《かんそう》などがありますが、そんな極限でもやっていける生き物は、我々人間には到底《とうてい》かなわない能力を備えています。それを知ることで、地球生物の限界についての生命観が広がるし、そこから宇宙生命の可能性を論じることもできる。まさに辺境生物学のおもしろいところです。

ところが、辺境には今お話しした圧力や温度などの環境条件が極端《きょくたん》であるというだけでなく、おもしろい視点の辺境もある。その一つは「大きさ」で、つまり「極限の大きさ」と「極限の小ささ」。僕はこれを「サイズ辺境」と呼んでいます。

大きい動物と聞いて何を思い浮《う》かべますか？

クジラや象でしょうか。あるいはかつて大繁栄《だいはんえい》した恐竜《きょうりゅう》を思い浮かべるかもしれません。巨大《きょだい》な体を持った彼らは重力に抗して自重《じじゅう》を支えるため、しっかりした骨が必要です。たとえば、空想の生物になりますが、「ゴジラ」の身長は50～100mほど。これくらい大きいと、全身が骨になっても支えきれなくなってしまいます（ちなみに生物ではありませんが、「ガンダム」もあれくらいの大きさだと、腕《うで》を振《ふ》り上げようとモーターを回した瞬間《しゅんかん》に、回転軸や軸受けが破損して腕がもげてしまうかもしれません）。植物にしても、あまりに高いと水を上げるのが大変なため、地上100mくらいの高さが限界のようです（現生で世界一の巨木はカリフォルニアのレッドウッド国立公園のセコイヤで115mほど）。

現生で最大の動物は、水中だと重力に抗して浮力が使えるので、水中にいるシロナガスクジラ（20〜30mほど）です。現生で地球最大の生物は、これも土の中なら重力に抗する必要がないので、体の大半が土の中にある「菌類《きんるい》」の、ツバナラタケというキノコの仲間です。このキノコの菌糸《きんし》は、なんと約10㎢（平方キロメートル）、ひと山まるまるの範囲に広がっています。

反対に生物は、どこまで小さくなれるのでしょうか。目に見えないくらい小さな、いわゆる顕微鏡的《けんびきょうてき》な生き物のことを微生物といいます。インフルエンザが流行すると「ウイルス」という言葉を耳にします。でもよく聞く割に、ウイルスの正体について、あまり知られていません。ウイルスとはいったいなんでしょうか。ウイルスは「バイ菌」ではありません（ただし、バイ菌にウイルスを含《ふく》める人もいます）。ウイルスは、生物と無生物の間、生命と非生命の間の存在です。……なんだか頭がこんがらがってきたでしょうか。

「生物」を簡単に定義するのは難しいのですが、生物の特徴《とくちょう》を挙げることはできます。

①代謝すること
②増殖《ぞうしょく》すること
③細胞膜《さいぼうまく》で囲まれていること
④進化すること

ウイルスは、このうち「増殖」と「進化」はするのですが、「代謝すること」と「細胞膜で囲まれていること」が欠けているので、「物質以上、生物未満」という立ち位置にあるのです。

サイズの話に戻《もど》すと、スギ花粉が約20〜40㎛《マイクロメートル》（1㎛は0・001㎜《ミリメートル》、1000分の1ミリ）、酵母《こうぼ》は5㎛前後、乳酸菌は1㎛前後です。ウイルスはだいたい0・01〜0・1㎛です。ここまで小さくなると、自立して生きる細胞には欠かせない部品《パーツ》、たとえば「遺伝子（DNA）、遺伝子の発現（スイッチオン）に関わるRNA、酵素などのタンパク質」という一式セットが入らなくなってしまう。そもそも、細胞膜だけでも厚さが0・01㎛（10㎚《ナノメートル》）もあるのです（直径の両側にあると考えると2倍の0・02㎛すなわち20㎚になる）。ウイルスはそもそも細胞膜くらいの大きさしかない、とても小さな半生物・半物質なのです。

宇宙の始まりは生命の始まり

僕は「小さい」という言葉を聞くと、頭に宇宙のことが浮かびます。「宇宙が小さい？」と不思議がるかもしれないけれど、もちろん今の宇宙のサイズではありません。138億年前、誕生するかしないかの頃《ころ》の宇宙です。最新の宇宙論によると、この宇宙は「無」から始まったといいます。だけど、なにもない虚無《きょむ》の「無」ではなく、なにやら潜在的《せんざいてき》な可能性（ポテンシャル）を秘めているがまだ実体化していない「無」です。こんな変な「無」をみなさんは想像できるでしょうか。たとえば、オリンピックの100m走のスタート前の静けさを想像してください。世界が静まりかえり、スタートピストルが鳴った瞬間、選手たちが走り、世界が躍動《やくどう》する。この場合の「無」とは、なにもない虚無の静けさではなく、これから鳴る音を孕《はら》んだ静けさです。そういう電磁に満ちた大気のような「無」から、とても小さな宇宙がポロッと転がり出たのだといいます。

そういう「無」から生まれた宇宙が誕生直後にインフレーション（大膨張）して、ビッグバン（大爆発）を誘起した。これは1981年に東京大学（当時）の佐藤勝彦《さとうかつひこ》先生らが発表した「インフレーション理論」です。宇宙誕生の10のマイナス36乗秒後から10のマイナス34乗秒後という超短時間《ちょう》に、極小だった宇宙が急膨張《ぼうちょう》し、その際に一種の「相転移」のようなものによって放出されたエネルギーがビッグバンの源になったといいます。10のマイナス36乗からマイナス34乗秒後というのは、1秒の1兆分の1をさらに1兆分の1にして、またさらに100億分の1以下にした、とてつもなくわずかの時間です。宇宙はどれだけ小さな存在から始まったのでしょう。そこに銀河系も地球も僕たち生命もみんな入っていたのです。

ここまで読んできたら「生命とはなにか」という問いがいかに難しいか、わかってもらえたと思います。それなのに僕はしょっちゅう「長沼先生、生命とはなんですか?」と訊《き》かれるのです。簡単に答えられる質問ではありません。今、世界中の生物学者たちの全員に訊ねたとしても、答えは出ないでしょう。そもそも「生命=生物」と考えている人もいれば、生物の「根源」に宿っているらしい目に見えないなにかを「生命」と捉《とら》える人もいたり、皆バラバラなのです。

「生命とはなにか」に答えるのは、とても難しい。では質問を変えて、目の前にあるものが「生物」か「非生物」かと訊かれたら、答えられそうですよね。本やスマホを生物だと思う人はいないでしょう。地面に生えている草は生物ですが、石ころは生物ではありません。

では、シダやコケの胞子《ほうし》はどうでしょう？　部屋の隅《すみ》に溜《た》まった塵《ちり》や埃《ほこり》は？　胞子が混じっているかもしれませんが、直感的に生物と見分けられるでしょうか。塵や埃には糸くずや紙くずが含まれているはずです。糸は化学繊維《せんい》や羊毛で作られていますね。羊毛は生物である羊の毛です。紙ももとは木からできています。コップに入れた水はどうでしょう。もしそれが浅瀬《あさせ》から汲《く》んだ海水なら、小さなプランクトンも含《ふく》まれているはずです。だんだんわからなくなっていきます。「生命」と「非生命」を区別することもまた、ひと筋縄《すじなわ》ではいかないようです。

動物園や水族館では多種多様な生き物に出会えますし、動物図鑑《ずかん》や植物図鑑には見たことのない色や姿形の生物も掲載《けいさい》されています。この地球上には我々人間を含めて、発見されているだけでも約２００万種もの生物が存在することが知られています。この多様性に富んだ生物は、初めから地球にいたのではありません。生物は、最初に生まれた生命体が、さまざまな変異を遂《と》げて進化した結果、現在のような多様な生物が生まれたのです。

地球上には知られているだけで約２００万種の生物が存在していますが、おそらく、それらのすべての遺伝子は同じ物質「ＤＮＡ」でできています。もちろん、すべてを調べたわけではありませんが、ＤＮＡ以外の物質でできた遺伝子を持つ生物は、これまで見つかっていません。

また、生物の体を作っているタンパク質とは、アミノ酸がたくさんつながってできているものですが、アミノ酸の種類もこれまで調べられたすべての地球生命に共通しています。原始的な生物から高等なものまで、生物のタンパク質はすべて、20種類（例外的なものも含めて、とても厳密にいうと22種類）のアミノ酸からできています。遺伝子やアミノ酸は生命の根源に関わるものです。そこにこれだけの共通点がある以上、いま地球にいる生物はすべて同じ系統であると考えるしかないのです。もし、別系統があったとしても、それ（ら）は早い段階で死に絶えてしまったのでしょう。地球で生命が誕生して以来生き延びてきたのは、僕たちと同じＤＮＡでできた遺伝子と、僕たちと同じアミノ酸を持つ系統だけなのです。

さて、その系統の生命は、いつ誕生したのでしょうか。

ビッグバンが起きたのが138億年前、地球は今からおよそ46億年前に誕生したと考えられています。そして最初の生物が地球に誕生するまで6億～8億年の年月を要しただろうといわれています。気の遠くなるくらい長い時間のようにも思えますが、その間は地球はまだ熱い「火の玉」だったと考えられていて、地球の表面が冷えて海ができてからは意外と短時間のうちに生命が発生したという説もあります。いずれにしろ、初めの生物が誕生しても、それは今のような複雑な姿をした大型生物ではありませんでした。それは、とても単純な生命だったと思われます。おそらく有機物の詰《つ》まった小さな小さな「袋《ふくろ》」のようなものだったでしょう。それがこの40億～38億年の歳月《さいげつ》の間にさまざまな進化を遂げ、現在の植物や動物になりました。ここまでは多くの人がイメージを共有していることだと思います。しかし、それまで存在していなかった「生命」という現象がどのように始まったのかは、生物学者にもわかっていません。そもそも、生物学者でさえなにをもって「生命」と呼ぶかは判然としていないのです。

生物学的に生命の起源を考える

ビッグバンが起きた頃《ころ》の宇宙は、さまざまな素粒子《そりゅうし》が生まれ、やがて水素やヘリウムなどの原子が作られました。これらがなければ、星や銀河は生まれず、地球も海もできません。これをもって「生命の起源」ともいえるでしょう。天文学者たちは、地球に生命が生まれることよりも、この宇宙に星や銀河が生まれたことの方が大きな謎と考えます。というのも、物質を構成する素粒子の質量や、最近話題になった「重力波」の重力の強さなどが少しでも違えば、この宇宙に星が誕生しなかったかもしれないからです。ですから、いったん「この宇宙」さえできてしまえば「生命」が発生するのはさほど難しい話ではないと言います。

一方で、僕たち生物学者はそうは考えません。それは「いまの地球上に現実として存在する生物」を前提にした上で、生命の起源を考えているからです。とにかく「生命体」と呼べるものならなんでもいいのなら、これほど広い宇宙で〝なにかしらの生命〟が発生する可能性が高いと考えるのは、天文学者・物理学者の発想です。しかし、僕たち生物学者が考えているのは、〝目の前にいる具体的な生命〟の起源なのです。ここまで複雑に多様に進化した「生物の原型」、おそらくそれは「有機物の詰まった小さな袋」だったと思われますが、それが簡単に動き出したとは思えないのです。

生物学者は、生命の起源を知るために「もっともシンプルな生命体」がどのようなものかを考えます。しかし、いくら生き物の細胞や遺伝子を単純化して考えても、どこまでが生命体で、どこから非生命体なのか、言い換えると、どこまで小さくても動けるのか、どこまで小さくしたら動けなくなるのかが、まだわかっていません。遺伝子が３００～４００個あれば生物の細胞のように振《ふ》る舞《ま》うことはわかっていますが、それが生命の最低条件だとすると、揃《そろ》えるべき要素が多すぎます。しかし、原始の生物がそれほど複雑な要素を持ち合わせていたとは、とうてい考えられません。たった10～20個くらいの遺伝子で生命体になれるなら、天文学者・物理学者らがいうように「生命誕生の可能性は高い」かもしれませんが、現状では「生命が誕生するなどありえない」と言いたくなるほど小さな可能性にしか思えないのです。しかし、世界中の生物学者たちが頭を悩《なや》ませている一方で、現に生物はこの瞬間にも生まれています。

僕は今55歳です（１９６１年生まれ）。子どもの頃から「生命とはなにか」という問いを自問してきました。正直いって、答えなんて持っていません。だけど「こっちの方向に答えがあるんじゃないかな」という方角は、わかってきたような気がしています。この本では僕が旅した軌跡《きせき》を通してみなさんに「生命とはなにか」という問題への自問自答を追体験してもらいたいと思っています。

「難しいなあ」と言わないで、ぜひ僕と一緒《いっしょ》に考えてください。新聞やインターネットのニュースを見ていると、生命誕生や宇宙に関する報道がない日はありません。日々情報はアップデートされているし、新しい仮説や理論も発表されています。なにより、「生命」は誰もが興味を持つ分野です。僕たち学者は新しい考えを惜《お》しみなく、みなさんにお伝えしています。その情報や理論を元に、若い世代の人たちの柔軟《じゅうなん》な発想で、もっと遠くまで、もっと高く、もっと深く考えていってほしいのです。だって、地球上にはたくさんの種類の生物がいますが「生命とはなにか」を考える種《スピーシーズ》は、我々人間しかいないのですから。せっかく同じ種の、しかも同じ言葉を話し、同じ時代に生まれたという奇跡的《きせきてき》な偶然《ぐうぜん》が、あなたと僕に重なったのですから。

第1章

生物学者になるまで
——助走編

WORLDLY WISDOM
FOR 14 YEARS OLD

滑《すべ》り台の疑問、鏡への問い

僕《ぼく》が生命の不思議、謎《なぞ》に関心を持つようになったのは小さな子どもの頃《ころ》でした。４歳《さい》の頃、いつものように幼稚園の滑り台で遊んでいました。滑り台に上がり、滑り下りて、着地したときに「あれ？」と不思議な感覚に包まれました。

「今、僕はあの上から滑ってきて、ここにいるけれど、本当のところ、僕はどこから来てどこへ行くのだろう」

と思ったのです。もちろん、子どもだからこれほど理路整然と考えたわけではありませんが、漠然《ばくぜん》とながら物事には「始まり」があることに気がついたのです。滑り台の場合は、非常に短い時間で世界が劇的に変わる。それがおもしろかったし、驚《おどろ》きだったのでしょう。思いを今のようにうまく言葉にはできなかったけれど「我々人間はどこから来て、どこへ行くのだろう」というのと、同じ種類の疑問を抱《いだ》いたのです。

一つの疑問に気がつくと、それまで当たり前だったことも不思議に感じ始めます。それまで見ていた世界までも違《ちが》って見えるようでした。滑り台で「始まり」を意識した頃、

「自分とは一体なんなんだろう」ということも、ぼんやりと考えるようになりました。自分には親からもらった「ながぬまたけし」という名前はついているけれど、とりあえず名前を取っ払《ぱら》ったら、自分って一体なんなんだろうって考える。考えても考えても答えは見つかりません。

鏡の前に立ったときも、自分の顔を見て「自分ってなに?」と思います。そして、恐る恐る、鏡に映る「自分」に向かって問いかけるのです。「お前は誰だ、何者だ」って。でも、それは自分に向けた問いです。自分で自分に向かって「お前は何者だ」と問う時の、あの浮遊感。そして、不安感。今でも鏡を見るたびに、心細いような、不安定な浮遊感にすーっと落ちるのです。

大人《おとな》になったところで、「自分の始まりと終わり」という概念《がいねん》は、とても抽象的《ちゅうしょうてき》で難しい問いだと思います。僕にとっての「自分の始まりと終わり」は「生命の始まりと終わり」と同義です。どちらか一つが解けたら、おのずともう一方の答えも解けることでしょう。子どもの頃から、僕はずっと同じことを問いつづけているのかもしれません。

子どもの頃、特になにかに熱中するということはなかったけれど、テレビで放送されていた『鉄腕《てつわん》アトム』というアニメが好きでした。テレビアニメの第一世代の時代です。

『アトム』を見ているうちに、ロボットであるアトムの〝人間より人間的〟な行い、振《ふ》る舞《ま》い、セリフなどに「なんだか良いもの」を感じて、惹《ひ》かれていきました。

子どもなりにではありましたが、作者の手塚治虫《てづかおさむ》さんが『鉄腕アトム』で描《か》きたかったであろう「善なるものを目指す」というメッセージを受け止めていたのかもしれません。アトムには「善なる者」の象徴《しょうちょう》のような存在がいました。それはアトムを産み、育てた科学者たちでした。科学者たちは「人間より人間的なロボット」としてアトムを生み出しました。それに感銘を受けた幼稚園児の僕は「目指すなら科学者だ」と思うようになったのです。科学者になれば、これまでの疑問をすべて解決できるんじゃないか、と子どものときに直感したのです。

父の冒険譚《ぼうけんたん》が広げてくれた世界

父は外国航路の貨物船の船乗りでした。まれに世界一周という長い航海もあったけれど、主に数ヶ月のインドネシア航路でした。寡黙《かもく》ながら優しい父親で、仕事の内容を詳《くわ》しく聞いた記憶はありませんが、時々ワクワクするような冒険譚を話してくれました。

たとえば、父が乗っていた船が海賊《かいぞく》に襲《おそ》われたときの話です。今でもアジアやソマリア沖《おき》には武器を持った海賊が出没《しゅつぼつ》するけれど、当時の海賊は危険でもまだ銃《じゅう》火器よりは〝牧歌的〟で、インドネシアのあたりでは蛮刀《ばんとう》を持った海賊が出てきたと父は話していました。みんなが寝《ね》静まった夜、船にそっとロープをかけて上ってくるそうです。まあ、映画やマンガに登場するような派手な海賊ではありませんが、海賊は海賊ですよね。もちろん、親父《おやじ》が海賊をやっつけるわけではなく、忍《しの》び込《こ》んでくる海賊たちに見つからないように隠《かく》れていたという、あまり勇ましくないプチ武勇伝です。そんな話を聞きながら、いつか僕自身が船に乗り、未知の海への航海に出る日のことを想像していました。

船乗りの父は年に数度しか帰ってこないから、実質的に家は母子家庭のような環境《かんきょう》でした。母は僕に対してとても厳しかった。当時はスパルタ教育というのがもてはやされていたのですが、まさしくスパルタでした。たぶん、男親がいない家を守るというプレッシャーが、若い母にはあったのでしょう。常に「よそ様から『あそこの家はふだんから父親がいないからダメなんだ』なんて言われないようにしなさい」と厳しく育てられました。

当時の僕はぜんそく気味でした。その頃、僕の住んでいた名古屋《なごや》と伊勢湾《いせわん》をはさんで対岸にある四日市《よっかいち》では工場の煙《けむり》などによる「公害」が問題になっていました。激しい運動をしたり、ホコリを吸い込むと呼吸困難のようになる。なった人にしかわからない、なんともやるせないとても苦しい状態です。医者に転地療法《りょうほう》のようなことを勧《すす》められたのでしょう、名古屋から神奈川《かながわ》県の大和市《やまとし》という当時は田園というか田舎に引っ越《こ》しました。横浜港からさほど遠くありません。父は船乗りだから名古屋港でも横浜港でも、港にさえ行ければ問題なかったのです。環境の変化のおかげか、僕のぜんそく気味の状況は快方へ向かいました。元気になると、友人たちと缶蹴《かんけ》り、かくれんぼ、三角ベースなどをして、外を駆《か》け回るようになりました。

生物学者は、少年時代に昆虫《こんちゅう》採集や釣《つ》りに明け暮れていた人が多いようです。でも僕はカブトムシやクワガタは〝人並み〟に好きだったけれど、人並み以上の興味を持つことはありませんでした。また、カブトムシやクワガタ以外の虫はあまり好きではありませんでした。そもそも、僕は生き物自体があまり得意ではない。あの乾燥に強いサボテンだって枯《か》らしたほどです。生物学者なのになにを言っているんだ、と怒《おこ》られるかもしれませんが、本当にそうなのだから仕方がありません。

母はパートに出ていたので、家ではもっぱら一人で過ごしていました。鍵《かぎ》っ子第一世代。僕はぜんそくもアトピーも花粉症《かふんしょう》も核《かく》家族もテレビアニメも第一世代です。少年時代は高度経済成長期まっただ中《なか》。大きな環境の変化にさらされてきた世代といっていいでしょう。一人、家で過ごす少年は、おのずと本が友だちになりました（アニメ以外のテレビはあまり見ませんでした）。だけど、寂《さび》しいなんて感じたことはあまりなかった。これは今でも同じです。研究者など、ものごとを突《つ》き詰《つ》めるタイプの人たちの多くは、どこかの地点から先は結局、孤独《こどく》なのではないでしょうか。その孤独に耐《た》えられないと、どうしても楽な道へ、楽しい道へと向いてしまう。これはいかがなものでしょうか。山で喩《たと》えるなら、頂上を目指す苦しい登山をせず、麓《ふもと》や五合目をハイキングしてしまうようなものですね。僕は、この「孤独に耐えられる」強さは、高みに上るための資質の一つだと信じています。それに、創造性や感受性といったものは、孤独と裏腹なものです。クリエイティブな人は、たとえ表向きはどんなに元気であっても、内面は意外とナイーブで脆《もろ》かったりする。僕の尊敬する芸術家の故・岡本太郎《おかもとたろう》さんも情熱的な作品や言葉を残したけれど、奥の奥はきっと「孤独」に向き合い、それを超《こ》えた人だったと思う。だからこそ、人の魂《たましい》を揺《ゆ》さぶる躍動《やくどう》を線や形や文字にできたのでしょう。自分の内奥へ降りてまた昇るときにこそ、人間は一番クリエイティブでありえるのだと思います。

百科事典とブルース・リー

中学校に上がる頃、部屋の本棚《ほんだな》を占領《せんりょう》していた百科事典をしまおうと思いました。アイウエオ順の百科辞典ではなく、項目別の百科事典でした。爪に火を灯《とも》すように質素に倹約していた両親が、僕の小学校の入学祝いに買ってくれたぜいたくな事典でした。しまう前にもう一度読みなおそうと一巻ずつ手に取っていくと、何度も繰り返し読んだので〝小口《こぐち》〟（本の各部のうち、ページをペラペラめくる部分。〝背〟の反対側）が手垢《てあか》で真っ黒になった巻と、新品同様の真っ白い巻に分かれていることに気づきました。夢中で読んだ地理・歴史、天文・宇宙の巻は真っ黒になっていたけれど、動物・植物など生物の巻は真っ白でした。自分は生き物を並べた図鑑っぽい分野は、あんまり向いていないんだなと思いました。この〝気づき〟は当時の僕には衝撃《しょうげき》的でした。

本を読むことは大好きでした。織田信長《おだのぶなが》とか豊臣秀吉《とよとみひでよし》とか徳川家康《とくがわいえやす》とか、不思議なほど歴史物が気に入って、小学校6年生の頃から歴史小説作家・山岡荘八《やまおかそうはち》の作品を好んで読んでいました。近くの本屋で続きを買うたびに、本屋のおじさんが「君はこんな本を読んで偉《えら》いよね」と鉛筆《えんぴつ》をくれたほどです。中学になると、国語の先生が「みなさん、最近、どんな本を読んでいますか」って聞くから「山岡荘八の豊臣秀吉を読み終わって、今は徳川家康です」って言ったら先生がとても驚いて、それ以来、先生のほうが僕のことを「先生」と呼ぶようになりました。

当時、本以外で夢中になったのはブルース・リーの映画でした。小学校高学年から中学生にかけての頃です。ブルース・リーはボクシング、合気道、柔道《じゅうどう》などの要素が入ったジークンドーという武術でバッタバッタと敵をなぎ倒《たお》します。『燃えよドラゴン』（1973年公開）のセリフに「考えるな、感じろ《Don't Think. Feel》」というのがあって、僕は彼のセリフ、たたずまい、カンフーアクションなどにしびれました。彼のかっこ良さに理由なんてない。無条件にかっこいいんです。彼に憧《あこが》れて空手《からて》を習おうと思ったのですが、町には空手道場がなくて、柔道の道場ならありました。空手着も柔道衣も見た目はよく似ていたので、まあ柔道でもいいやと思って柔道を習うことになりました。柔道は僕の思い描《えが》いていた武術とは違《ちが》ったけれど、柔術ではない柔道の始祖の嘉納治五郎《かのうじごろう》先生が唱えた柔道理論は理屈《りくつ》がはっきりしているので学ぶことが楽しかったのです。

町道場に通いながら、中学、高校と部活でも柔道をやりました。毎日々々、柔道々々の柔道バカで、高校のときには、道場で年下の子どもたちを教えるまでになって、お小《こ》遣《づか》いも稼《かせ》いでいました。

柔道は頭で理論を考える部分もあるけれど、それと同じくらい「feel」も重要。そこはブルース・リーの言う「考えるな、感じろ」に通じる。僕自身は、世の中は論理的であってほしいし、頭で考えてわかりたいと思います。でも、現実は必ずしもそうはいかない。そんなとき、非論理的である「feel」を、柔道やブルース・リーから学びました。もし、僕が柔道をやっていなかったら、もうちょっと頭デッカチで「感じるより考える」ばかりのガチガチな人間になっていたかもしれません。

海底火山と木星での発見

高校1年生のとき、科学界における（そして僕の人生においても）世紀の大発見がありました。１９７７年、東太平洋のガラパゴス諸島沖でアメリカの潜水《せんすい》調査船「アルビン号」が海底火山から温水が湧《わ》き出していることを発見したのです。きっかけは、プレートテクトニクスという理論でした。地震《じしん》や火山の噴火《ふんか》といった現象を、地球表面のプレートが動いていることで説明する理論です。この考えは今でこそ小学生でも知っている理論ですが、当時はまだ「仮説から理論へ」の段階でした。この考えにしたがえば、ガラパゴス諸島沖の海底に火山があるはずでした。そこで実際に深海潜水船で調べてみたら、本当に海底火山が見つかったのです。この発見は、プレートテクトニクス理論における金字塔となりました。しかし、このときは「あるはず」の海底火山を発見しただけでなく、まったく予想していなかった新発見もあったのです。実は、その海底火山周辺に、奇妙な姿をした謎の深海生物が群生していたのです。そこにそんな生き物がいるとは誰《だれ》も思っていませんでした。

　さらに、２年後の１９７９年に太平洋のメキシコ沖で「アルビン号」が別の海底火山を発見します。ガラパゴス諸島沖海底の場合は、出てくるお湯の温度が20℃とか25℃といった温水が湧いている程度でしたが、メキシコ沖の海底火山からは３００℃以上もの高温熱水が噴出していました。メキシコ沖の海底火山は水深２５００ｍ。つまり、２５００ｍ分の「水の重さ」すなわち「水圧」がかかりますから、水は３００℃を超《こ》えても沸騰《ふっとう》しないのです。そして、その海底火山の周りにも例の「奇妙な姿で群生する」謎の深海生物がいたのです。詳しくは第2章で説明しますが、この生き物——とりあえず「チューブワーム」と呼ばれました——は植物のような姿をしていますが、植物ではありません。ということは動物のはずなのに、動物らしくもない。なにが動物らしくないかというと、ものを食べている形跡《けいせき》がなにもないのです。海底火山が発見され、深海にはなにやら不思議な「ものを食べない動物」がいる。その頃はまだ、これらの全容は明らかにはなっていませんでしたが、ただ、とんでもないものが発見されたということはわかりました。これとほぼ時を同じくして、また別の「世紀の発見」がありました。

今度は深海ではなく、〝宇宙〟です。1977年にNASAが打ち上げた宇宙探査機「ボイジャー1号」が、たった一年半で木星に最接近し、木星の第1衛星イオで火山活動を発見したのです。そのお隣の第2衛星エウロパにも火山がありそうなものですが、エウロパは表面が氷に覆《おお》われているので、火山の噴火は見ることができません。しかし、氷の下には必ずや火山があり、その熱のせいで氷の底の方は融《と》けて液体の水、すなわち〝海〟がある。その〝海〟の海底にはもちろんエウロパの海底火山がある。ならば、そこには〝エウロパのチューブワーム〟がいてもいいのではないか。「イオの火山」発見からすぐに、そういう想像が語られるようになりました。

高校2年から3年にかけての1979年にあったこれらの二つの大発見が僕の人生の針路を科学の方に向けさせました。「生命の始まりと終わり」は、深海や宇宙にヒントがあるのかもしれない。海底火山と衛星の火山の発見は、かのアーサー・C・クラークに『2001年宇宙の旅』の続編である『2010年宇宙の旅』を書かせ、一人の高校生の人生をも動かしてしまったのです。ただ、僕自身、自分が本当に科学者になるのかどうか、まだぼんやりとしたイメージしかありませんでした。

学部を間《ま》違《ちが》えて入学する

高校生の僕は、将来どうしようかな、と考え、やはり小さい頃のまま、広い意味での「学者」になりたいと思いました。今はあんまり評価されない言葉ですが、「高等遊民」という言葉を聞いたのもその頃です。生産に携《たずさ》わらず、言ってみれば人間社会で浮遊《ふゆう》しているような人たち。そんな存在への嫌悪と憧れがごちゃまぜになっていました。

高校3年生の頃、あまり好きでなかったし得意でもなかった生物（当時は「生物Ⅱ」）の教科書を読んでいたら「生命の起源」について説明した箇所《かしょ》に日本人の名前がありました。教科書に名前が載《の》るのだから、偉《えら》い先生なのでしょう。「真っ白な百科事典」の頃と同様、博物学的な「生物」は苦手でしたが、物事を理屈で考えることが好きな僕は、抽象的な「生命」という現象に強く惹かれました。「生命とはなにか」。これを考える生物学というより「生命科学」は、鉄腕アトム、百科事典、海底火山、柔道、宇宙……、それまでバラバラだったものを、くっつけそうな予感がしました。「生命の起源」はすごく大きいテーマだけど、だからこそ生涯《しょうがい》をかけて取り組むに値する、と思いました。

生物の教科書に載っていた日本人は当時、筑波《つくば》大学にいらした原田馨《はらだかおる》先生でした。僕はこの先生のもとで「生命の起源」を学びたいと思いました。NASAで研究をしていた原田先生は、僕が高校1年のときに日本に帰国し、筑波大学の教授になっていたのです。あのNASAで生命起源を研究していた先生に直接学べるなんて、なんというタイミングでしょうか。よし、この大学に行こう、と僕は決めました。当時の筑波大学は創立して日も浅く、茨城県の田舎の田んぼの中にあるような大学でした。筑波大学で「生命の起源」を学ぶと言っても「自宅から通えない田舎の大学など、なに言っとるんだ!?」と、両親にも反対されるし、周りからも「なんで東大を目指さないの?」と言われる始末です。生物の教科書で原田先生のことを知るまでは、完全に非「生物」脳だったので、受験も非「生物」の準備しかしていません。しかし、持ち前の集中力で受験に必要な教科を猛《もう》勉強し、筑波大学の生物学類に合格しました。それでも両親は最後まで大反対でした。結局、親からの経済的な支援《しえん》はほとんどないまま入学することになりました。学費や生活費は新聞配達と喫茶店《きっさてん》のアルバイトでまかなうことにしました。

僕の進学した生物学類の「学類」は、他の大学の「学部」に相当します。親に反対されてお金はなかったけれど、尊敬する先生のもとで学ぶことができるのが楽しみでした。入学式もそこそこに、さっそく生物学類の原田先生のお部屋を訪ね、先生と感動の対面をしました。原田先生に「僕も生命の起源を研究したいと思い入学しました」と挨拶《あいさつ》をしたのです。が、どうも反応がよくない。先生は「私の専門は、植物の組織培養《ばいよう》ですよ」と仰《おつしや》る。……どうやら人違いのようでした。その先生は、のちに副学長を務められた原田宏《はらだひろし》先生だったのです。生物学類の原田宏先生が筑波大学全体の教員の名簿を調べてくれました。

「君の言う原田先生は自然学類の化学科だよ」

「……」

教科書の「生命の起源」の箇所に名前が載《の》っていた原田馨先生は自然学類の化学の教

授だったのです。なんと学類（学部）が違っていたのでした。我が人生痛恨のミスでした。高校の「生物」の教科書に名前があったので、てっきり「生物学類」だと思い込んでいたのです。実際、生物学類に原田教授がいることまでは調べたのですが、インターネットもない時代の高校生のすることで詰《つ》めが甘《あま》かった。他の大学なら、生物も化学も同じ理学部なので問題はなかったでしょうが、筑波大学の場合、当時は別の学類（学部）でしたので、再受験するか、転学類する以外に原田馨先生のもとで学ぶことはできません。失意のうちに、僕は〝本当の〟原田馨先生を訪ねました。事の次第を説明すると、こんな言葉が返ってきました。

「それはしょうがないよね。今いるところで頑張《がんば》りなさい」

僕はショックでしたが、「なるほど」とも思いました。自分の進路を間違えた18歳の少年にとって（その後すぐに19歳になりましたが）、何とも冷たい言葉のように聞こえました、が、もともとは僕のミスなので、原田先生を責めるのも筋違いです。再受験したら？　とか、3年に上がるときに転学部をすれば？　なんてことも言われませんでした。でも、原田先生は日本に帰ってきて間がなかったし、日本の大学の仕組みなどわからないから、大した助言もできなかったのでしょう。

僕は今、原田先生の言葉の意味がわかります。おそらく先生はこう仰りたかったのでしょう。「山を登るのにどこから登るかは大した問題ではない、登り続けることが大事なのである、そうすれば結局は同じ頂上に達するのだから」と。そんな先生の真意がわかったのはずっと後のことでしたが。先生のもとで直接学べないのは確かにショックでしたが、それでも僕は尊敬する先生の助言に従い、「今の場所で頑張る」ことにしました。ただ、原田先生の授業は取れるだけ取って、単位を取ってからも「単位不要」で何度も取って、タイミングが合えば先生のお部屋を訪ねてお話を伺うことは続けました。

僕という生物の進化

学部は違っても原田先生の授業はできるだけ受講し、個人的にもお話を伺う機会を作る。先生のお話の中では特に、先生自身が学生だった１９５０年代初めの「分子生物学」の夜明け前の時代のお話にはワクワクしました。生命科学史で１９５０年代というと、ジェームズ・ワトソンとフランシス・クリックらがＤＮＡの二重らせん構造を提唱した１９５3年をスーパー・イヤーとする「分子生物学」の勃興期《ぼっこうき》。科学的議論が各地で沸《わ》き起こっていた時代です。原田先生はその頃、特に1953年以前に活躍《かつやく》した科学者たちをご存じだから、「彼はこういう人でね……」なんて話をしてくださる。科学界の大スターたちが目の前にいるようで興奮しました。

当時の筑波（現・つくば市）には小さなショッピングセンターしかありませんでした。そこの喫茶店で僕はアルバイトをしていましたが、なんと、その喫茶店の常連の一人が原田先生の息子さんだったのです。その息子さんともひょんなことで仲良くなりました。人生とはわからないものです。

一方、自分の所属する「生物学類」ではつまらない日々を過ごしていました。行き先を間違えたのだから当たり前です。僕の入った生物学類が、まさに〝小学生の頃まったく手に取らなかった〟「真っ白な百科事典」だったのです。それが今、大学で「手垢のついていない真っ白な部分」を毎日学んでいるのです。なんの興味もないことを学ぶのは、ほんの少しプチ苦痛でした。

僕が興味あるのは「生命」という現象でしたが、周りの学生たちは「生物」そのものが好きな人ばかり。簡単に言うと、動植物のマニアだらけだったのです。マニアは「違い」を好み、求めます。一方、生命という現象を考えるとき、生物の多様性も然《さ》ることながら、さまざまな生物の間にある「共通点」が重要になってきます。あらゆる生物に共通する特徴《とくちょう》があれば、それが「生命とはなにか」という問いへの答えになるからです。しかし、マニアたちにとっては「共通点」よりは「違い」が大切です。たとえば、トンボマニアの友人は「このトンボとこのトンボは翅《はね》がいかに違うか」を力説します。そんな話を聞きながら「そんな細かいことはどうでもいいじゃないか」と思っていました。

でも、そんなことを言っていては生物学の分野ではやっていけません。原田先生の「今いるところで頑張りなさい」という言葉を胸に、生物学類でコツコツと頑張りました。「まあ、神は細部に宿るというし」と、ぶつぶつ言いながら、僕は細部にこだわるように自分を仕向けました。自分でそう仕向けるようになると、徐々《じょじょ》にですが、「生物学」のおもしろさに開眼していきました。細かな知見を重ねることで、大きな理屈を考えることができるようになる。生物のことをなにも知らないのに、いきなり「生命の起源とはなにか」と大風呂敷《おおぶろしき》を広げたところで、頭デッカチの理屈だけでは「机上の空論」、現実世界をなにも説明することはできません。細部に注意を向けることによって、僕はそれに気がつきました。

考えてみると、それこそがサイエンスの基本姿勢なのです。理数系の学問は、どれも階段を一段ずつていねいに上っていかなくてはならない。逆に文系だと、たとえば日本史を研究している人は平安時代のことをあまり知らなくても、近代史を研究することは可能でしょう（もちろん、どこかにつながりはあるのでしょうが）。でも理数系は小学校からきっちり算数を勉強していないと、大学の数学を理解することはできませんし、数学ができないと物理もわからない。地道にクリアしていくしかないのです。幸か不幸か、たまたま間違った環境に身を置いたことで、僕は〝細部にこだわる科学者〟として育つことができたと思います。これはどことなく「生物の進化」に似ています。

進化とはなにか

ここで、これからも何度も登場する「進化」について少しお話ししましょう。

言うまでもなく、現代の生物学における本格的な進化論は、19世紀イギリスの生物学者、チャールズ・ダーウィンの『種の起源』から始まりました。この考え方に、ダーウィンの時代になかった「遺伝子」に関する知見を加えた〝現代版進化論〟を「ネオ・ダーウィニズム」と呼びます。進化論はダーウィンが唱えていただけではありません。彼以前にもさまざまな進化論が唱えられていましたが、それは根本的なところでダーウィンの考え方とは違いました。

それは、生物の進化に「目的」があると考えるか、進化は単なる「結果」にすぎないと考えるかという点です。ダーウィンの進化論は、後者でした。ダーウィン以前は「進化には目的がある」と考えられていたのです。その中でも有名なのはフランスのジャン＝バティスト・ラマルクが『動物哲学《てつがく》』の中に記した「用不用説」と呼ばれる進化論でしょう。彼は「単純な生物が時間を経ることで、より複雑で完全な生物に進化する」と考えましたが、ここまでは悪くない。問題になるのは「よく使う器官は次第に発達し、使わない器官は次第に衰《おとろ》える」という「用不用」が親から子に遺伝すると説いたところにあります。実は「用不用」自体は、個体が生きている間に限った（後天的な）場合においては、確かにそうです。たとえば、寝たきりになると足腰《あしこし》が弱ることはありますが、その変化が子孫に受け継《つ》がれる（獲得《かくとく》形質が遺伝する）ことはありません。「用不用説」プラス、ある世代が生涯を通じて獲得した形質が遺伝し、何世代にもわたり積み重ねられることで、最終的には大きな変化が生まれると考えた、そこが問題だったのです。

いまだに誤解されがちなのが、「キリンの首」の話です。みなさんは、なぜキリンの首が長くなったと思いますか？　小さい頃に読んだ本などで「キリンは高い木の葉を食べるために何世代もかけて首が長くなった」と書いてあるのを読んだことはありませんか。これは、まさしく「用不用説」に基づいた考え方で、ネオ・ダーウィニズムからすると間違いなのです。冷静に考えればこの話がばかげていることがわかります。もし、親が獲得した形質が遺伝するなら、運動選手《アスリート》の子どもは生まれたときから筋肉ムキムキだし、漫画家《まんがか》は手に〝ペンだこ〟のある子どもを産むかもしれません。ケガで手や足を失った場合も遺伝するでしょうか。「美しい」顔の子を産みたければ、両親とも整形手術をして子どもを作ればいいことになる。そんなことは起こるはずはないですよね。

現在では遺伝子の研究が進んだこともあって、ある個体が後天的に獲得した形質は子に遺伝しないことがわかっています。生きている間に後天的に個体の形が変わったとしても、遺伝情報を子孫に伝える先天的なＤＮＡまで変わりはしないのですから、それも当然でしょう。（厳密かつ難しい話をすると、「エピジェネティクス」という新しい分野では「後天的なものが遺伝子に影響し、遺伝することもある」という方向性も示されています。つまり、いったんは否定されたラマルクの「獲得形質の遺伝」が再評価されつつあるのです。が、本書では深入りしません。）

ハンディキャップを乗り越えて、キリンはキリンになった。

ネオ・ダーウィニズムによれば、キリンの首が長くなったのは、ある個体が生まれた後に〝後天的〟に長い首を獲得したからではありません。DNAの突然《とつぜん》変異によって、最初から〝先天的〟に首の長い個体が生まれたのが始まりです。遺伝子（DNA）のミスコピーによって突然変異が起きるわけですが、これは、いつ、どこで起きるかわかりません。ある割合でランダムに親と違う遺伝子型を持つ個体（変異体）が生まれてくるのです。ただ、遺伝子型がちょっと違ったくらいでは、目に見える形質（表現型）の変異には至らない場合もあります。それでも、遺伝子型の変異が蓄積したり、あるいは、遺伝子の〝ヤバい場所〟が突然変異したりすると、目に見える変異が現れます。その一例が「キリンの首」なのです。

キリンの首の突然変異は一種の「奇形《きけい》」ですから、大半はうまく生きられません。仲間より首の長い個体は、もし周囲に低い木や草原しかなくて、高い木がなければ不利なはずです。首が無駄に長いだけで地面付近の低いエサを食べるのに苦労するので、生存競争に負ける可能性の方が高いでしょう。競争に負けると、その個体は子孫を残せないので、〝キリンの祖先〟にはなれません。ところが、もし周りに高い木が多ければ、首が長い方が有利です。結果、生き残りやすいでしょうし、子孫も残せるし、その子孫も……こうして「進化」したと考えるのがネオ・ダーウィニズムなのです。

DNAの突然変異はある割合でランダムに起こりますから、たまたま「他と違う個体」（変異体）が生まれることがある。旧タイプの個体よりも新《ニュー》タイプの変異体の方が子孫を多く残すには？　新《ニュー》タイプは、旧タイプの異性と交配ができれば、交配によって子孫を作ることができます。逆に、新《ニュー》タイプの体の変異の程度が大きすぎると、もう交配ができなくなって子孫を残せなくなってしまうでしょう。

そうして代を重ねていくと、次第に元の集団との違いが大きくなり、やがて交配ができなくなります。そうなった時点で「新種」として独立したと考えます。進化論の誤解で「環境に適応した新種が、古い種との生存競争に勝って生き残った」と勘違《かんちが》いしている人もいますが、進化はあくまでも「種単位ではなく個体単位」がベースです。具体的には、個体間競争や小さな集団の隔離《かくり》などが、現実に個体（変異体）が子孫を残すメカニズムです。突然変異によって新しい種がいきなり出現するわけでもありません。進化は、突然変異を起こした一つの個体（変異体）から始まり、それが自然環境の中で生き残りやすい性質を持っていれば、やがて独立するであろう新種の祖先になるのです。

　この話で、生物の進化においては偶然に左右される部分がいかに大であるかがわかってもらえたと思います。突然変異はランダムですから、目的も方向性もありません。そこになんらかの方向性を与えるのは「環境」や「個体間競争」などです。与えられた環境の中で生存競争が行われ、よりよく生き残り、よりよく子孫を残したものだけが繁栄《はんえい》する。なにが生き延びるかは、その時々で違ってくるのです。雪の多い時代や地域であれば、体が白い個体の方が敵（捕食《ほしょく》者）に見つかりにくいので、黒い個体より生き残りやすいかもしれません。環境が変わればそれが逆転するかもしれません。その時々の環境に選ばれたものが、生き残って子孫を残して繁栄《はんえい》してきたのです。もちろん、我々ホモ・サピエンスもです。

　ただ僕は「たまたま運がよかっただけ」とは思いません。たとえば〝キリンの祖先〟となった首の長い新《ニュー》タイプの個体が、旧タイプの仲間と同じように地面の草を食べようとしてばかりいたら、草を食べる競争に負けて生き残れなかったでしょう。しかし、視点を変えて高いところに食べ物があると気づき、自分の身体的特徴を活《い》かしたからこそ生き残ったのです。そのときの〝キリンの祖先〟に人間のような〝ポジティブ・シンキング〟（前向きな考え）はなかったと思いますが、旧タイプの仲間より首が長いと気がついた時点で「どうして自分だけ首が長いんだろう、こんな不遇な体じゃ無理、生きていけない」と思ったら、キリンへの進化への道は閉ざされたでしょう。「長い首」というハンディキャップ的な「特徴」をむしろ「特長」だと考え、新タイプとして自分の生きる道を模索《もさく》したからこそ、キリンはキリンになったのです。

話を僕の大学生の頃に戻《もど》しましょう。入る学部を間違えた僕に原田先生は「それはしょうがないよね。今いるところで頑張りなさい」と仰いました。キリンの祖先も「しょうがない」と受け入れ、その環境で頑張ったのです。僕はキリンの祖先とは違い、その場所で自分の特長を活かす道を探したわけではありません。だからすこし事情は違いますが、環境に合わせて生き方を変える努力をした点は似ています。

進路や重大な選択《せんたく》のときに「決めるのは自分だ。自分の生き方は自分で決めろ」なんて言いますが、現実はそうもいきませんよね。キリンの祖先もちょっとした突然変異で首が長くなっただけです。僕もちょっとした勘違《かん》いで違う学部に入っただけです。キリンの祖先が高い木の葉を食べたように、僕も周囲を見渡せば生命起源の研究につながりそうな研究やチャンスがありました。環境の違いに負けてしまいそうになったとき、原田先生の「それはしょうがないよね。今いるところで頑張りなさい」という言葉によって、その環境で生き延びることができました。さらにもっと俯瞰《ふかん》して見ると、そもそも僕たちは、生まれる時代や国を選ぶことはできません。それは「しょうがない」ことです。そう考えると誰もが「今いるところで頑張る」のが基本なのかもしれません。

大学4年生になって、生命の起源に関する卒業研究をしたいと思っていたところ、微生物生態学が専門の關文威《せきふみたけ》先生が僕を引き受けてくださいました。僕は先生のお手伝いのような形で卒業研究をし、そのまま大学院（博士課程5年一貫《いっかん》制）に進学しました。時間はかかりましたが、ようやく僕は自分の居場所を見つけました。実をいうと大学院でも、しばらくは暗黒時代がつづいたのですが、その頃は自分の居場所があるだけで嬉しかったのです。僕が科学者として生きていこうと本当に決心したのもこの頃です。しかし、なんとなく居場所ができただけで、現実的にどうやって「生命の起源」ひいては「生命とはなにか」に取り組むのかは、僕にもまだわかっていませんでした。

生物学の巨人たち | 1

私たちの生命観を劇的に変えた

チャールズ・ダーウィン [1809〜1882年]

Charles Robert Darwin

地球上の生物がなぜ多様に存在するのか。著書『種の起源』(1859年) で、その問いに初めて科学的に答えた生物学者。生物は「突然《とつぜん》変異」と「自然選択《せんたく》」によって進化を遂《と》げてきたとその著書で主張した。まずなんらかの理由で親とは形質の異なる子が生まれ (突然変異)、それが自然環境《かんきょう》に適応して生き残る (自然選択)。これが何世代も積み重なって、やがて新しい「種」として生き残る。ダーウィンの進化論は世界を震《しん》撼《かん》させた。生物学、自然科学分野のみならず、宗教、マルクス主義やフロイト理論から、適者生存や生存競争の概念《がいねん》を故意に間違《まちが》えて解釈《かいしゃく》したナチズムにいたるまで、思想的にも大きな影響《えいきょう》を及《およ》ぼした。

現代の進化論も、基本的な考え方はダーウィンの主張と変わらないが、20世紀になって「突然変異」の物質的な正体が解明された。そのきっかけは、フランシス・クリックとジェームズ・ワトソンらによるDNA「二重らせん構造」の発見 (1953年) によるもので、親と子が似るのは、DNAベースの遺伝子がコピーされて受け継《つ》がれることによるという。この発見により、遺伝子が突然変異を起こしたとき、子は親と異なる形質を持つようになることが明らかになった。突然変異には「方向性」がない。目的を持って起こるのではなく、ランダムに起こる。その種や個体にとって、たまたま生き延びやすい方向の変異が起こることもあれば、生き延びにくい方向に起こることもある。ダーウィンは約1世紀半も前に活躍《かつやく》した生物学者だが、今なお彼《かれ》の思想・研究は現代の生物学者たちに受け継がれている。

第2章

暗黒世界で生命を探る――深海編

WORLDLY WISDOM
FOR 14 YEARS OLD

深海という世界

みなさんは「海」という言葉を聞いて、どんな海を思い浮《う》かべますか。家の近くの海や家族旅行で行ったハワイや沖縄のビーチでしょうか。親戚《しんせき》のいる田舎《いなか》の海でしょうか。十人いれば十通りの海を思い浮かべることでしょう。それでも、「海」から想像される多くはおそらく、静かで、美しい海ではないでしょうか。

僕《ぼく》が思い浮かべる海は、長い航海で毎日眺《なが》めた大海原です。そして、目を閉じればとてつもなく深い暗い海、深海の世界が広がります。海という言葉を聞いて、深海を思い浮かべる人はあまりいないでしょう。でも、僕は幾度《いくど》となく、潜水船《せんすいせん》で深海を訪れたから、あの〝深海〟をやすやすとイメージできるのです。深海ってどんな場所だと思いますか。真っ暗で、寒くて、生き物がほとんどいない死の世界を想像していませんか？それは半分正解で、半分間違《まちが》いです。深海って、意外と……いや、その前に、深海の世界がどんな場所なのかを少しお話ししましょう。

　水深２００ｍまでは浅海《せんかい》、そこよりも深いところを深海といいます。深海には高い水圧がある。僕たちは地上では、頭の上にある空気の重さ１気圧を受けて生活をしています。それは面積１㎡につき約10ｔ《トン》の重さです（１㎠で約１kg重）。でも、日常生活では、そんな重さを感じませんよね。それはなぜでしょうか。僕たちが１気圧に適応しているからです。ところが、素潜《すもぐ》りなどで海に潜ると途端《とたん》に圧力を感じる。自分より上にある水の重さが水圧です。水中では大気圧１気圧に加えて、水深10ｍにつき１気圧を受ける。もし10ｍ潜ったら、数字では大気圧１＋水圧１でたった２気圧ですが、肺は２分の１のサイズに縮みますから、体は悲鳴を上げるでしょう。トレーニングを受けていない人は耐《た》えられない。ドラム缶だって、中に空気しか入っていなければ水深10ｍで潰《つぶ》れてしまいます。でも、空気の代わりに水で満たされていれば大丈夫《だいじょうぶ》です。たとえば豆腐《とうふ》を深海に持っていっても、潰れません。空気が入っていないからです。

　中に空気の部分がなければいい、といっても、人間はそうはいきません。だから、人間が深い海に潜るには特殊《とくしゅ》な訓練や準備、機材が必要です。それでも潜れて３００〜４００ｍほど（すごいことですけどね）。僕はそもそも泳げませんし、トレーニングも受けていませんので、深海調査へは「潜水船」を使います。「しんかい６５００」という名前は聞いたことがあるでしょう。文字通り、水深6500mまで潜ることのできる潜水船です。実はもっと深く潜れるのですが、船体や乗員の安全を考えて余裕《よゆう》を持たせているのです。この潜水船は高い水圧のかかる深海に潜っても大丈夫なように造られています。たとえばこの潜水船で水深6500mまで潜ると単純計算で651気圧、1㎠につき651kgの重さがかかるんです（実際にはもっと高い水圧になりますが）。これは、たとえば、ハイヒールを履《は》いたホルスタイン牛が全体重をかけて足を踏むようなものです。これは痛い。すごい世界ですよね。いい加減に造った潜水船ならグシャッと潰れてしまうでしょうが、そこはさすが日本製、安心して潜ることができます（とはいえ、水圧でグシャッと潰れてしまう悪夢を見ることがありますが……）。

深海には一、二時間ほどかけて潜ります。海の色は深くなるに従って、青一色になる。限りなく黒っぽい深い深い青に。たしかに、光は届きにくいので暗くなっていく。光は水深200m程度で海面の1%〜0・1%になり、水深1000mに達すると1兆分の1%程度のわずかな光になります。これは生物が感知できる光の限界といわれています。そこから先は生物学的には暗闇の世界。深海はほとんど音もなく、暗く、そして水温も低い。

海という言葉の枕詞《まくらことば》に「母なる」という言葉があります。母なる海……よく聞く言葉ですよね。僕の見た深海の世界は「生命が溢《あふ》れる豊かな海」とはかけ離《はな》れていました。しかし、まったく生命がないわけではありません。メガマウスザメやオニボウズギス、ダイオウイカなどといった深海生物がいますし、微生物《びせいぶつ》だって住んでいます。宇宙飛行士の毛利衛《もうりまもる》さんが、南西諸島海溝《かいこう》に潜水船で潜ったとき、感想を訊《き》かれ「宇宙は生物のいない暗黒だが、深海は生物のいる暗黒だ」という趣旨の発言をしていました。僕もあちこちで「長沼センセは深海に行ってどう思うの？」なんて訊《たず》ねられます。僕は表現力が乏しいから「深海だな」くらいしか感想はないんですけど、さすが、毛利さんはうまいことを言いましたね。毛利さんの言うように、宇宙空間で生物を見ることはないけれど、深海では生物を見ることができる。そりゃあ、エサが少ないし、水圧も高いので生き物はたくさんはいない。でも、よくこんな場所に……と思うほど、僕たちが「極限環《かん》境《きょう》」と勝手に呼んでいる世界にも生き物はいる。深海の他、極限環境と呼ばれる場所には北極、南極、砂漠《さばく》、火山、高山、洞窟《どうくつ》などがあります。たしかに僕たちからすると極限環境ではあるけれど、そこに住んでいる生物にとっては、必ずしも極限ではないかもしれない。「住めば都」という言葉を作った人はまさか深海は知らなかっただろうけど、環境に適応している者にとっては、意外と暮らしやすい場所かもしれません。だから僕は、そこに住む彼《かれ》らを「極限環境生物」というよりは、「大変なところに住んでいるよなあ」というニュアンスを込《こ》めて、「辺境生物」と呼ぶことが多い。深海に住む魚から見れば、「よく人間は地上に住んでいられるよな」と、僕たち人間が「辺境生物」になってしまうでしょうけれど。

猛毒《もうどく》の中で生きる「チューブワーム」

生き物が少ない深海だけど、生き物がたくさん住んでいる場所があります。それは海底火山にある「熱水噴出孔《ふんしゅつこう》」の周辺です。熱水噴出孔とは、海底火山の海底の下で熱せられた水が噴き出す場所のことです。深海にある海底火山は〝辺境中の辺境〟といえるでしょう。第1章で触れたように、僕が生物学の世界に進むきっかけの一つになった「チューブワーム」も海底火山の熱水噴出孔周辺で発見されました。チューブワームは文字通り筒状《チューブ》の虫《ワーム》です。一見、植物のような姿をしていますが、深海の暗闇では光合成ができないので植物ではありません。となると、チューブワームは動物ということになります。動物はなにかエサを食べて体を作る材料やエネルギーのもとにしますよね。ところがチューブワームは口も胃腸、肛門《こうもん》もなく、ものを食べている形跡《けいせき》がない。自分で栄養を作っているのです（後述しますが、厳密にいうと、チューブワーム単体で栄養を作っているわけではありません）。

　チューブワームの先端《せんたん》には深紅のエラがあり、熱水噴出孔から噴出した腐卵臭《ふらんしゅう》の火山ガス（硫化《りゅうか》水素）や酸素を取り込みます。温泉に行くと卵が腐ったような臭《にお》いがするでしょう。あれが硫化水素です。人が吸いすぎると死んでしまうので、あの臭いがしたら近づかない方がいいですよ。「エサ」となる硫化水素は熱水噴出孔からだけでなく、鯨《くじら》の腐敗死骸《ふはいしがい》、沈没船《ちんぼつせん》の腐敗した穀物、メタンガスが湧《わ》く所（メタンガスと海水中の硫酸《りゅうさん》イオンが反応すると硫化水素ができる）など、いろいろな所に発生しています。そして、そういう所にもチューブワームは住んでいるのです。

　普通《ふつう》の深海の海底は、生き物が少なくて、実に砂漠のようです。でも、海底火山は、チューブワームをはじめとして、エキゾチックな生物が本当にたくさんいます。特にチューブワームは、白い筒《チューブ》の上端から赤い花のようなエラが出たり入ったりして、「白筒紅花」という感じです。それが群生する様子はまるでチューブワームの「お花畑」が広がっているよう。なかには地球上のどの生態系にも見られないほどの高密度な生物群集も見られます。珊瑚礁《さんごしょう》や熱帯雨林は生物の宝庫のようないわれ方をしますが、それらと比べても熱水噴出孔の生物群集は圧巻で、生物の密度は、生物量（バイオマス）にして1㎡あたり30kg以上ということもあります。深海の海底火山は、まるで砂漠の中のオアシス、つまり深海砂漠の中の深海オアシスと言っても過言ではないでしょう。深海にも生き物がたくさんいる所もあるんです。

暗黒世界の光合成

それにしても、人間にとって硫化水素は猛毒なのに、なぜチューブワームには無毒なのでしょう。その理由はチューブワームの体の仕組みにあるのですが、本書ではそれに深入りせず、別のおもしろいことを説明しましょう。それは、チューブワームの体内に共生する「イオウ酸化細菌《さいきん》」という微生物のことです。この細菌（バクテリア）は、なんと硫化水素をエネルギー源として、自分で栄養を作りだせるのです。つまり、この微生物にとって、硫化水素はもはや毒ではなく（薬でもありませんが）生命活動を営むための超・重要なエネルギー源なのです。

　このイオウ酸化細菌は、硫化水素と酸素（私たちが呼吸で使う酸素O_2）の化学反応から「化学エネルギー」を取り出します。実は、この化学エネルギーを使って、二酸化炭素からデンプンなどの栄養を作るのです。二酸化炭素からデンプンって、どこかで聞いたことはありませんか？　そう、太陽の光エネルギーと二酸化炭素から栄養を作る植物の「光合成」とほぼ同じなのです。しかし、ここは暗黒の深海、太陽の光はありません。光の代わりに化学エネルギーを使うので専門的には「化学合成」といいますが、僕はこれを「暗黒の光合成」と呼んでいます。これをするイオウ酸化細菌は、あり余るほどの火山ガス（硫化水素）からあり余るほどの栄養を作り、余った栄養をチューブワームにあげるのです。

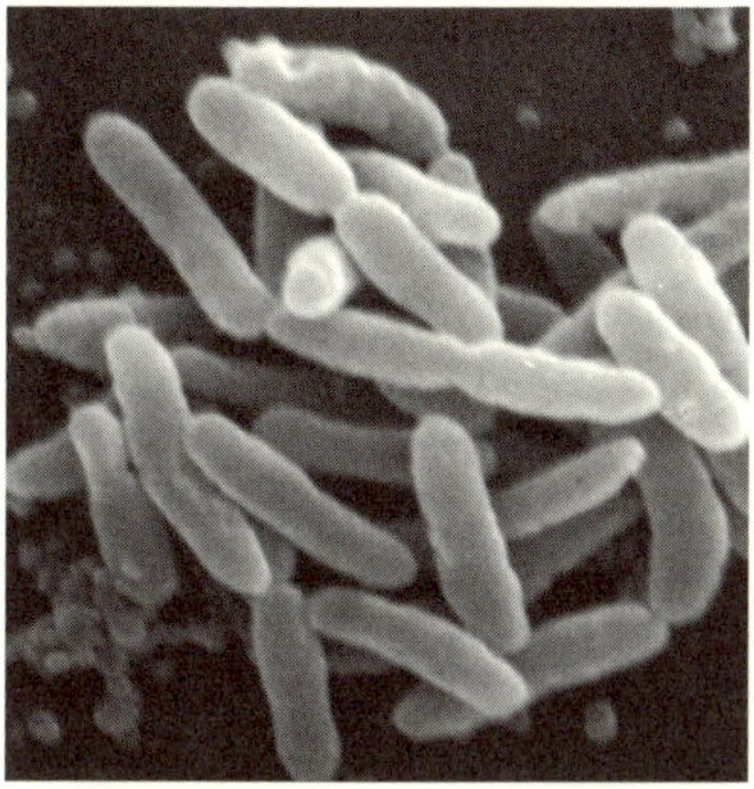
チューブワームに共生するイオウ酸化細菌。
猛毒の硫化水素が好物。

　暗黒の光合成は微生物（イオウ酸化細菌）が

単独で行うこともありますが、チューブワームの場合は、その体内にいる微生物との共同作業（共生）によって行われています。体内といっても、僕たち人間の体の腸内細菌みたいなものではありません。チューブワームの、なんと「細胞内《さいぼう》」に微生物（イオウ酸化細菌）が入り込んでいるのです。この微生物はもはやチューブワームの体の一部になっている。微生物を取り出して試験管とかフラスコ内で別々に培養《ばいよう》しようと、僕を含《ふく》む世界中の生物学者たちが試みてきましたが、まだ誰《だれ》も成功していません。発見されて40年近く経《た》つのに誰もできないんです。このことは、チューブワームと微生物の間で相当に共生関係が進み、もはやチューブワームと微生物は一心同体、切っても切れない関係になっているからでしょう。

まだ不明な点はたくさんあるのですが、もしかしたらチューブワームの親から子へ共生微生物を「遺伝」しているかもしれません。現時点ではそのような現象はまだ確認されていませんが、将来、そのような形に進化することはありうるでしょう。実際に、細胞内の共生微生物が親から子へ遺伝する、いわゆる「垂直伝播《でんぱ》」してきた、そして、今では僕たち人間を含む動物や植物にもそれが伝わっているという驚くべき例が、生物界にはすでに2つあります。これは生物界における奇跡《きせき》的な進化イベントでした。これからそれを説明しますが、その前に、ここで紹介《しょうかい》した微生物＝イオウ酸化細菌の「細菌」は英語で「バクテリア」ということを覚えておいてください。

生物進化における大ジャンプ

生物進化における奇跡の共生イベント・ナンバー1は「ミトコンドリア」です。僕たち人間を含む動物や植物の細胞にあるミトコンドリアは、今でこそ細胞の一部である「細胞内器官《オルガネラ》」として「細胞内呼吸」という働きを担《にな》っていますが、もともとはアルファプロテオバクテリアという外来の微生物でした。大昔、地球の海や大気には酸素がありませんでしたが、それが増えてきた頃《ころ》、地球の生物で初めて「酸素呼吸」をするようになったバクテリアです。これが僕たちの祖先の細胞内に入り込んだら、お互いに居心地がよくて「共生」し、ずっと居座っているうちに祖先細胞の一部と化してしまったのがミトコンドリアです。

そんな祖先細胞のうち、あるものはさらに奇跡の共生イベント・ナンバー2を行いました。太古の地球の海や大気に酸素を供給した、地球最初の「酸素発生型の光合成」をしたシアノバクテリアが（すでにミトコンドリアが共生していた）祖先細胞に入り込み、第二の共生が始まったのです。これが現在の植物細胞の中にある「葉緑体」。この第二の共生のおかげで植物は、ものを食べずにすむような〝ぐうたら〟に進化したんですね。

生物界において、ある細胞の中に外来生物が入り込むという侵入《しんにゅう》イベントは決して珍しくはありません。しかし、侵入者が居座って宿主の細胞の一部と化すという現象（細胞内共生）は、38億〜40億年の生命史でもたった2回しか成功しなかったほど珍《めずら》しいものでした。もしミトコンドリアができなければ、現在の動物や植物のような大型生物はいなかったでしょう。また、もし葉緑体ができなければ、現在の森林や草地もなく生態系も貧弱だったことでしょう。これは普通の進化（ダーウィン進化）とは違《ちが》う形の進化であり、「進化の大ジャンプ」あるいは「大進化」といってもよいものでした。

生物進化で過去に2回しか成功していない大進化。実は、その3回目が今まさにチューブワームで起きているといえそうです。すでにミトコンドリアを持っているチューブワームの細胞（動物細胞）の中に、イオウ酸化細菌という外来生物が侵入し、居座りはじめたところ。その細菌は「暗黒の光合成」を行うバクテリアです。まるで、かつてシアノバクテリアが侵入して現在の葉緑体になって光合成したように、今はガンマプロテオバクテリアと呼ばれる細菌群に属するイオウ酸化細菌がチューブワーム細胞の一部（細胞内器官《オルガネラ》）と化す日も、そう遠くはないでしょう。

もし、それが完成した暁《あかつき》には、チューブワーム細胞の一部（細胞内器官《オルガネラ》）と化したイオウ酸化細菌はなんと呼ばれるのでしょう。とりあえずは〝イオウ酸化体〟でしょうか。そして、本体のチューブワームのほうは、もはや動物ではないし植物でもない、いったいなんと呼ばれることになるのでしょうか……。これが、チューブワームが〝すごい生き物〟たる所以《ゆえん》なのです。

生命はどうやって誕生したのだろう

生命とはなにか。これは僕たち科学者がよく問われる問題です。世界中の科学者が日々考えているのですが、未《いま》だかつて誰もが納得する答えを出した人はいません。「生命とはなにか」。この問いを考える前に、まず生命の生まれた場所・地球のことを知っておきましょう。

現在、地球には数百万種もの生物が存在することが知られています。未確認生物はさらにいることでしょう。この多様な生物は、最初から地球にいたのではありません。地球は今からおよそ46億年前に誕生したと考えられていますが、その時点では生命体と呼べるものは存在していません。最初の生物が生まれたのは40億～38億年前であることが推測されています。グリーンランドのイスア地域で38億年前の岩石から生命活動だと思われる痕跡《こんせき》が発見されたのです。おそらく最初の生物は極めて小さく、化石になるような骨や殻《から》、歯はありません。では岩石からなにが発見されたかというと、濃縮《のうしゅく》された「炭素」が発見されました。もちろん、すべての炭素が生物由来とはいえません。この炭素にはさまざまな同位体（同じ元素でも中性子の数が異なるもの）があり、その割合は生物的なものと、非生物的なものでは異なります。この岩石に濃縮された炭素は非生物由来とは考えにくい同位体比率だったので、38億年前にはなにかしらの生物が存在していたと推測されたのです。

最初の生物はどんなものだったのでしょうか。おそらく「有機物が詰《つ》まった小さな袋」のようなものだったでしょう。それが38億年の間にいろいろな進化を遂《と》げ、植物や動物、人間になったのです。しかし、ここに大きな疑問が残ります。なぜ、それまで存在しなかった生命が誕生したのでしょう？　38億年前の地球は、今僕たちが住んでいるような地球ではありませんでした。できたばかりの地球には隕石《いんせき》が降りそそぎ、その衝撃《インパクト》のせいで地表には１０００℃の熱風が吹《ふ》き荒《あ》れるなど、極めて不安定な状態でした。そんな状態ですからせっかく発生した生命体が消滅《しょうめつ》してしまった可能性もあります。小さな生命体が発生と消滅を何度か繰《く》り返し、どこかの段階で〝私たちの祖先〟となる生命体として安定的に蔓延《はびこ》るようになったのかもしれません。しかし、その「祖先」が一つの個体だったのか（はじめから単系統だったのか）、同時期にたくさん発生したのか（はじめは多系統だったのか）は謎《なぞ》です。

地球生命の誕生を、実験で再現してみた？

地球上の生物の体は、基本的にタンパク質でできています。タンパク質とは、有機体（炭素を含む化合物）であるアミノ酸がたくさんつながった高分子化合物のことです。38億年前の地球では、無機物からアミノ酸が生まれ、それがたくさんつながってタンパク質になるという「量から質への転換《てんかん》」ともいえる質的な飛躍《ひやく》が起こったはずなのです。原始の地球に存在した無機物から、どのようにして有機物のタンパク質が合成されたのでしょう。この疑問にもまだ答えが出ていないのです。

この謎に一歩近づいた大学院生がいました。1953年にシカゴ大学のハロルド・ユーリー教授の研究室に所属していた大学院生スタンリー・ミラーが行った「ミラーの実験」です。これは原始の地球でアミノ酸が作られることを示しました。ミラーは、地球の原始大気に含まれていたとされるメタン、水素、アンモニア、水蒸気をガラス容器に封入《ふうにゅう》し、雷《かみなり》を模した6万ボルトの高圧電流を放電しました。当時の地球大気でも、雷が頻繁《ひんぱん》に起きていたはずなので、それが有機物の発生に関係したのではないかと考えたのです。

地球の大気を模したガラス容器はガラス管を介《かい》して別のガラス容器(フラスコ)につながり、そこからまた元のガラス容器に戻《もど》ります。フラスコには原始海洋を模したぐつぐつ煮《に》えたお湯が入っています。一週間後、フラスコの中には数種類のアミノ酸が生じていました。実験室の中の出来事なので、原始の海で同じことが起きていたかはわかりませんが、そこに存在していた単純な無機物から有機物のアミノ酸ができることが実証されたのです。しかし、そのアミノ酸がつながってタンパク質になるかはまた別の話です。その後、多くの研究者がさまざまな方法でタンパク質の生成を試みました。「茶色いネバネバしたもの」の生成まではできましたが、原始の地球で起きた「タンパク質の合成」を試験管の中で再現できた研究者はまだ一人もいません。

地球は実験室とは比べものにならないほど巨大《きょだい》で複雑ですから、何億年もかければ「茶色いネバネバしたもの」がなにかの偶然《ぐうぜん》でタンパク質になるのかもしれません。多くの人のイメージにはアミノ酸、核酸《かくさん》、糖などの有機物を含んだ太古の海、いわゆる「原始のスープ」が化学反応を起こして、いつの間にか生物が生まれた……というものではないでしょうか。しかし、忘れてはいけないのは当時の海の温度は極めて高かったということです。最初に生まれた生命体が僕たちの祖先であるなら、極端な高温状態で生きられたということです。海底火山の熱水噴出孔から採られた超好熱性古細菌の一種が１２２℃もの（生物学的には）超《ちょう》高熱で増殖《ぞうしょく》することが報告されています。もっと高温で増殖する微生物がまだいるかもしれませんが、温度が高すぎるとタンパク質が壊《こわ》れる（変性する）ので１３０℃くらいが限界だと思われます。いずれにせよ、高温であっても生命の素材となる有機物が生じ、それらが集まって生命体を生み出したような温度帯の場所があったのでしょう。

そこで注目されているのが、やはり海底火山の熱水噴出孔です。そこで起きている

「熱水循環《じゅんかん》」を〝天然の反応炉《はんのうろ》〟として想定した実験が行われています。熱水循環とは、海底の割れ目から浸透《しんとう》した海水が、海底火山の下にあるマグマ溜《だ》まりを覆う岩石で加熱され、高温の熱水になって上昇《じょうしょう》し、海底から海水中に噴き出て戻る現象です。この循環を再現し、メタンや水素、アンモニアなどの無機物も一緒《いっしょ》に循環させたところ、アミノ酸などの有機物が生成したという研究例があります。地球の原始の海にも、同じようにして生成した有機物がたまっていたかもしれません。

しかし僕はこの実験で示されたようなことだけで実際の「生命の起源」が起きたとは考えていません。というのも、水中では生成される有機物の量が少なく、ひどく効率が悪いように思えるのです。少ない材料が広い海を漂い、くっつき合ってタンパク質を作り出す……。しかも、少なくとも何十個ものアミノ酸を正しい順番でつながなくてはなりません。さらに、タンパク質が1個できたところで、それだけでは生命にはなりません。仮にそれが海全体で大量に行われていたらまだしも、海底火山は少ない。……ああ、気が遠くなるほど低い確率だと思います。こんな低い確率で当たる宝くじなんて誰も買わないでしょう。少なくとも僕はこの宝くじ売り場には並びません。

生命は「原始のクレープ」から生まれた？

ではどの宝くじを買えば当たるのかと考えると、僕自身は「原始のスープ」とともに「原始のクレープ」も買う方が、可能性はずっと高くなると考えています。クレープ。そう、あの甘い生地に生クリームやイチゴがトッピングされたクレープです。この考えは１９８８年に発表された「表面代謝説」という論文に基づいています。「表面代謝説」を説いたドイツ人のギュンター・ヴェヒターショイザーはもともとは科学者ではなく、特許を扱《あつか》う弁理士でした。ものすごい勉強家で古今東西の書物や論文を読み、この理論を考え出したそうです。世の中にはすごい人がいるものですね。

簡単にいうと、「ガス中や水中ではなく鉱物の表面」でたくさんの有機物が作られ、それがやはり鉱物の表面で結合して、生命の素《もと》となったという考えです。海底火山によくある硫化鉄に硫黄の原子がもう一個つくと黄鉄鉱（バイライト）という金色の鉱物になります。硫化鉄が黄鉄鉱になる過程で出てくる化学エネルギーを使って二酸化炭素を〝原料〟としてさまざまな有機物ができるのです。でも、これだけなら先ほどのスープ

物を作るのは、大変効率がいいので、宝くじが当たる確率は格段に高くなるのです。（熱水循環）と変わらないと思うかもしれません。だけど、鉱物の表面を利用して有機

海底火山周辺の鉱物の表面積より、水中の体積の方が大きいので化学反応を起こすチャンスが多いと思う人がいるかもしれませんが、海底の岩石には無数のひび割れや隙間《すきま》があるので「表面代謝」に使われる表面積は大きくなるのです。その場所で効率よく多くの有機物が作り出され、あらゆる順列組み合わせを試せば、アミノ酸をたくさんつなげたタンパク質が合成される可能性は高くなる。世間一般《いっぱん》で広まっている〝原始のスープ〟が「鍋《なべ》の中のお湯」というイメージとすれば、「表面代謝」は「鉄板の表面」のようなものです。実際、このアイデアを論評した科学雑誌には「スープからクレープへ」という見出しが掲《かか》げられました。今のところ、僕はスープよりもクレープの方が可能性は高いのではないかと考えています。

「生命とはなにか」につながる「最初の生命とは」という問いは、世界中の研究者が日夜取り組んでいる課題ですが、まだまだわからないことだらけです。でも、だからこそ、世界中の研究者が取り組むやりがいのある問題であるといえるでしょう。

深海と木星が、僕を動かした

そもそも僕が「生命とはなにか」を考え、研究の道へと舵《かじ》を取ったのは高校生の頃でした。深海のチューブワーム発見に加え、今度は宇宙です。

１９７７年にＮＡＳＡが打ち上げた無人宇宙探査機ボイジャー1号が、１９７９年に木星の第1衛星イオで火山活動を発見しました。イオは地球の月とほぼ同じ大きさの衛星です。なぜイオに火山があるのか。その説明は本書では省きますが、とにかく〝ある理由〟でイオに火山があります。そして、同じ理由で、第2衛星エウロパや第3衛星ガニメデにも火山があるはずです。

エウロパの表面は厚さ3～5㎞の氷で覆われていますが、２０１３年に高さ約２００㎞の水蒸気の噴出が確認されたことからも、氷の下には深さ数十～百数十㎞の水の層「内部海」が存在していると考えられています。エウロパの内部海の海底に海底火山があるとすれば、火山の熱のせいで氷の底が融《と》けて、液体の水になり、表面の氷と内側の岩石の間に、サンドイッチのように挟《はさ》まれた内部海が生まれるという仕組みです。

地球の海底火山には食べ物も太陽の光もいらず、海底火山さえあれば自分で栄養を作ってしまう謎の深海生物チューブワームがいました。もしかすると、このエウロパにも謎の生物がいるかもしれません。もちろん、当時の僕の知識は新聞や科学雑誌などで得る程度です。インターネットもないし、高次元の情報にアクセスもできない。だけど、子どもの頃から知りたくて仕方がなかった「生命の始まりと終わり」の謎に近づくにつれ、少しずつ僕の人生は動き始めていったのです。

ついに海へ。

第1章でお話ししたように、僕は「間違えて」生物学類に入り、紆余曲折《うよきょくせつ》はあったけれど生物学の楽しさに気づき、そのまま大学院に進みました。大学院ではまじめにサンプリング調査をしていました。サンプリング調査は地味な作業です。調査はチームでやるのに、手を抜くのがうまい奴《やつ》がいる。サボる人の作業は当然、僕の仕事になる。自分の仕事をやるのは仕方がないけれど、彼らの作業まで自分がやるのかと思うとストレスやフラストレーションがかかります。ああ、今思い出しても腹が立つ。だんだん作業が嫌《いや》になってきて、もうこの研究室を辞めて当時足繁《しげ》く通っていた古書店の手伝いでもやろうか。そんなときに、「今いるところで頑張《がんば》りなさい」という原田先生の言葉が蘇《よみがえ》りました。まるで船の碇《いかり》のように、原田先生の言葉は僕を科学の世界に留《とど》まらせてくれたのです……恩師の言葉って大事ですね。

そんな僕にも大学院4年目にしてチャンスが巡《めぐ》ってきました。日本人の手による初の「熱水噴出孔の発見」を目指した日仏共同の調査航海に、大学院で指導していただいている關文威《せきふみたけ》先生が加わることになり、僕も研究チームの一員として船に乗せてもらえることになりました。場所は南太平洋のフィジーとニューカレドニアの中間あたりです。熱水噴出孔は発見されてまだ10年ほどで、文字通り〝ホット〟な場所でした。当時、生命現象を化学的に研究する生化学者の考え方は、まだ「過程＝プロセス」を重要視したもので、具体的に生命が誕生した「場所＝サイト」に関する研究はまだ限定的でしかありませんでした。１９７０年代後半から熱水噴出孔が相次いで発見されると、「もしかしたら、ここが生命誕生の〝サイト〟ではないか」という考えが広まりました。生命の起源に関する研究の主軸《しゅじく》が、「プロセス」から「サイト」へと変わっていく。まさにそんな時代に「生命誕生のサイト探し」を行うプロジェクトに参加できたことは、とてもうれしいことでした。古本屋になろうなんて考えはどこかへ飛んでいきました。

僕は船で使用する調査機器を考案し、海洋調査機器の業者さんと共に製作しました。調査器具はなんとかなりそうでしたが、一つ気がかりなことがありました。僕の船酔いです。筑波《つくば》大学は伊豆《いず》の下田《しもだ》臨海実験センターに船を持っています。關先生は船酔いが心配な僕に〝下田〟に通って船に慣れろと言います。しかし、何度船に乗っても船酔いだけはどうにもなりません。毎回、乗るたびに吐《は》いてしまう。僕は子どもの頃から三半《さんはん》規管《きかん》が繊細《せんさい》なんです。不安になっていると、先生は「君の乗る船は３０００トンくらいあってかなり大きいから大丈夫だよ」と仰《おっしゃ》る。なるほど、船は大きければ大きいほど揺れない。下田の船は20トンほどでしたが、３０００トンもあれば大丈夫でしょう。それを聞いて胸をなで下ろしました。

実際に乗る船は「かいよう」という海洋調査船でした。定員は60名で乗組員、研究者が半々。船は横須賀《よこすか》から出港し、フィジーに向かいます。その時点では研究者は僕だけです。残りの研究者たちは調査ポイントに近いフィジーやニューカレドニアまで飛行機でフライトなのに、一番下っ端《ぱ》の僕だけは全行程「船」でした。

研究陣《じん》ではたった一人の航海の途中《とちゅう》、船乗りたちは「こっちへ来いよ」と僕を気さくに食堂に誘《さそ》ってくれました。「父が船乗りなんですよ」と話すと、「おお、そうかそうか！」「まあ、酒でも飲めよ」とすぐに打ち解けました。なかには父と同じ船に乗ったことのある人もいました。そういう偶然って、初めての現場では、本当にうれしいんですよね。共に食事をし、仕事を手伝うにつれ仲良くなっていきました。他の研究者たちと合流する2週間のうちに日にも焼け、すっかり船乗りの仲間です。この航海は、僕の仕事における原体験だといえます。以来、どの現場でも、共に飯を食べる、ときには酒を飲むことを大切にしています。そうすれば、ちょっと無理そうに思えることでも相談できるし、反対に無理を強《し》いることもない。現場で働く人をリスペクトし、信頼《しんらい》関係を築くことを彼らから学びました。今も彼らとは交流が続いています。

現地合流で乗り込んできた研究者三十人のうち、十人はフランス人、残りは日本人でした。船の上ではなにもかもが初めての体験で、それまでのサンプリング調査が子どもだましのように思えたほどでした。しかし、最後まで船酔いが続き、何度も吐きました。いくら大きな船でも吐く人は吐くのです。船酔いは本当にきつかった。下船後に船乗りの父に「どうも船では吐いてダメなんだよな」とアドバイスを求めると、父も「俺《おれ》もだよ」と笑う。親子揃《そろ》って、船に弱い体質なのに船に乗っているなんておかしな話です。

この調査によって、日仏共同チームは海底火山を発見し、僕は海底火山の周辺から噴出する熱水を採取し、そこに含まれている微生物の数をカウントしました。明らかに、普通の海水よりも微生物が多く含まれていました。つい先日まで筑波や下田で小規模なサンプリング調査をしていた僕は、一躍《いちやく》、海底火山研究の最前線に立ったのです。僕は翌年の航海にも参加し、船酔いでフラフラになりながらも、洋上でなんとか博士論文を書き上げました。

就職2週間後には深海へ……

調査船「かいよう」は海洋科学技術センター（ＪＡＭＳＴＥＣ《ジャムステック》、現・国立研究開発法人 海洋研究開発機構）が運航する船でした。ＪＡＭＳＴＥＣは海洋に関する基盤的研究開発および学術研究業務（僕が入所した当時は前者のみ）を総合的に行う組織です。海底火山のプロジェクトに参加して興味を深めた僕はＪＡＭＳＴＥＣの採用試験を受けることにしました。ここで微生物研究をし、生命の起源に迫《せま》る研究ができたらいいなと思ったのです。試験会場には僕よりも頭の良さそうな人がいっぱいいたのですが、すでに僕は「かいよう」に計2回、延べ110日も乗っている。そんな受験者は他にいません。この経験をアピールして、幸運にも採用されました。父は船乗りです。船乗りの息子（せがれ）が船に乗るっていうのも〝ちょっといい話〟に聞こえますしね。

今でこそ、JAMSTECは大きな研究機関になっていますが、僕が入った頃はまだ〝中小企業〟みたいなものでした。配属されたのは深海研究部というところで、偉《えら》そうな名前ですが総勢十人いるかいないかの小さな部署です。しかも、当時のJAMSTECには微生物を扱っている人はおらず、僕が唯一《ゆいいつ》の微生物研究者。周りの人たちは微生物を「バイ菌」と呼ぶ。微生物用の実験室として暫定《ざんてい》的に作ったプレハブ小屋は「バイ菌小屋」と呼ばれ、僕もおのずと「バイ菌くん」と呼ばれていました。「ねえ、バイ菌くんさ、ちょっと来てくれる?」といった具合。……いじめられていたわけではありません。

「中小企業」ですので、深海生物の研究だけではなく、企画部と総務部も兼務《けんむ》させられました。企画部の仕事として、プロジェクトの立ち上げをしなくてはなりません。企画書をまとめて、科学技術庁（現・文部科学省）に提出し、研究費の予算をつけてもらうのです。一方、総務部の仕事として、JAMSTECが組織を拡大するにあたっての人事制度の変更にも関わることになりました。博士研究員（ポスドク）を採用するため、契約《けいやく》研究員に関する人事規定作りにも関わりました。僕は正職員（プロパー）で入ったのですが、「せっかく契約研究員の制度を作ったのだから、君が第一号になりなさい」と言われ、JAMSTEC初の契約職員になりました。さらに、僕は単身赴任《ふにん》の規定も作っていました。なんだか嫌な予感がするなと思っていたら案の定《じょう》、その規定を使って埼玉《さいたま》県和光市にあった理化学研究所（理研）に単身赴任の第一号として派遣《はけん》されました。

予算取りや規定作りという事務的な仕事をしながら、現場にも出してもらえていました。僕はJAMSTECに入って2週間後には深海に潜っています。JAMSTECで初めて微生物プロジェクトを立ち上げることへの、期待の現れだったのでしょう。新人研修を受けていたら、「新人研修はいいから、明日から船に乗って」と、唐突《とうとつ》に言われました。深海に潜ってもいいというのです。現場は駿河湾《するがわん》の真ん中の1900mあたり。トレーニングも適性検査もまったくありません。たしかに、このタイプ（大気圧潜水）の潜水船なら、乗員は水圧の影響《えいきょう》を受けませんし、減圧症《げんあつしょう》の心配もありません。潜水船に乗るための特別な訓練は、僕のような〝お客様〟には求められませんでした。

初めに乗ったのは「しんかい2000」という有人潜水調査船です。翌年には「しんかい６５００」もできました。「しんかい２０００」と「しんかい６５００」のコックピットは内径２ｍの球（耐圧殻《たいあつかく》）の中にあります。「しんかい６５００」の耐圧殻は１㎠あたり約６８０kgf（重量キログラム。１kgの質量が受ける重力）という水圧がかかる深海で、何度も安全に調査活動を行えるよう、軽くて丈夫《じょうぶ》なチタン合金製。わずかな歪《ゆが》みのせいで水圧の影響が部分に集中しないよう、耐圧殻の「真球度」はとても精密にできている。日本の技術の結晶《けっしょう》のような潜水《せんすい》調査船です。

潜水船のチームはパイロット（船長）、コパイロット（副船長）と、研究者の三人。海中での作業時間は朝の９時から夕方の５時までの、いわゆる「九時五時《くじごじ》」です。やはりお役所タイムなんですね。とはいえ、潜航の前と後を入れると相当長い作業時間になります。海の中にいる時間としては、トータルで８時間ですが、海底に到着《とうちゃく》するまでに最大で片道約２時間半かかります。だから、海底にいる時間は案外短く、３時間くらいしかいられないこともあります。海底でアームを動かすのはパイロットの仕事。僕は「アレをとって」「もっと右、もっと左」などとお願いして微生物を採取しました。潜水船にはライトがついていて、その光の届く範囲は10ｍほど。水中では青色光ほどよく透《と》過《か》するので、実際より青っぽく見えます。

潜っていく途中の海中（専門的には〝水柱《すいちゅう》〟）の生物を調べる研究者もいますが、僕はむしろ海底の生物（専門的には底生生物《ベントス》）に用があるので、潜水船が潜っている時には特にする仕事はありません。そんな時、僕はよく映画を観《み》ました。当時は「寅《とら》さん」が人気だったのですが、僕が好んだのは深海モノの映画です。『ザ・デプス』や『アビス』など「確かこの辺で潜水艇がつぶれるんだよな？」なんて自虐《じぎやく》的な冗談《じようだん》を言いながら観るんです。これほど臨場感溢《あふ》れる映画鑑賞《かんしよう》はないでしょう。戦争映画に登場する潜水艦で水漏《も》れのシーンがあります。浅い海ならなんとか処理できるかもしれないけれど、深海だとまず手に負えないでしょう。水圧のせいで、どんな小さな穴からでも水がじわじわ入ってくるし、穴が大きければドバッと入ってくる。中が水浸しになって溺死するか、穴からヒビが広がっていって、最後はグシャッとつぶれる。そんな悪夢を見たことは一度や二度ではありません。

ちなみに爆発《ばくはつ》による破壊は外側（エクス）に向かってバーンといくのでエクスプロージョン、深海潜水船が壊《こわ》れるときは、圧力で内側（イン）につぶれるのでインプロージョンといいます。インプロージョンは一瞬《いつしゆん》で死ぬんだからまだ〝ハッピー〟な死に方です。僕が嫌なのは小さな穴から水がジワジワ入って数十時間かけて死ぬパターン。きっと死ぬ前に発狂すると思います。潜水船の中で「どうせ死ぬならインプロージョンで一気に死にたいよね」なんて言いながら笑っています。理論上、壊れるはずのない安全な潜水船での作業ですが、頭のどこかで恐《おそ》れていたのでしょう。そうやって、笑い飛ばして恐怖心《きょうふしん》を紛《まぎ》らわせていたのだと思います。

アメリカ留学という名の知的ハイキング

ＪＡＭＳＴＥＣにも変革期の流れがあり、僕も翻弄《ほんろう》されました。ＪＡＭＳＴＥＣで初めてＲＩ（放射性同位元素）を扱う施設《しせつ》を作るときには、放射線取扱《とりあつかい》主任者免状《めんじょう》まで取得しました。ご褒美《ほうび》というのもあったのでしょう。アメリカに留学させてもらえることになりました。いろいろ調べた結果、カリフォルニア大学のサンタバーバラ校（ＵＣＳＢ）が気候も良いし、犯罪が少なく、一番条件がいい。この頃にはもう結婚《けっこん》しており、子どもも生まれたばかりだったので、家族の安全が優先でした。

それに、ＵＣＳＢにはチューブワームの大御所《おおごしょ》がいたのです。この大御所の所に行くんだということで、ＪＡＭＳＴＥＣも納得してくれました。だけど、その大御所はすごい変人で、ちょっと気持ち悪いんです（笑）。テンガロンハットをかぶって全身に緑色のアクセサリーをつけてる。で、会うなりにいきなり「で、なにが欲しいんだ？」"So, what do you want？"って訊《き》く。まるで西部劇に出てくる荒くれ男です。この人の所では、僕はやっていけないだろうなあと直感しました。彼の所にいれば論文は量産できるし、僕もチューブワームの大御所になれるでしょう。どうしようかなあと悩《なや》んでいた頃、すでに知り合いだったUCSBマリンバイオテクノロジー・センターのアーロン・ギボア教授から、「じゃあ、うちの研究室に来なさい」と言って頂きました。彼は海藻《かいそう》のバイオテクノロジーを研究していて、しかも大の親日家で僕を快く受け容れてくれました。

ギボア先生の所で、寒天《かんてん》の素になるテングサという海藻のバイオテクノロジーに取り組みました。海藻の研究など、僕には初めての経験でした。が、研究を始めると、あっという間にうまくいったのです。「おお、僕、海藻に向いているな、アメリカにも向いてるな……」と思っていたら、ギボア先生が急に早期退職されることになったのです。退職金を積まれたのでしょう。アメリカって、こういう肩《かた》たたきがよくあるんです。当然、研究室も閉鎖《へいさ》されるので研究も続けられない。すると、今度はマリンバイオテクノロジー・センターの所長、ダニエル・モース教授が「うちに来てはどうか」と僕を引き取ってくださった。「バイオテクノロジー」とは「バイオ（生物学）」と「テクノロジー（技術）」を合わせた言葉で、生物のいろいろな機能を人間の暮らしに利用する技術のことです。この言葉が広まったのは１９７０年代に遺伝子組換《くみか》え技術が開発された頃からですが、古くは発酵《はっこう》食品や品種改良、最近では細胞や遺伝子の操作、動植物細胞の大量培養技術、再生医学や創薬まで、技術の進展とともにその対象は拡大しています。

モース所長の研究室で取り組んだのは、アワビのバイオテクノロジーでした。海藻からアワビ、どんどん、深海の微生物とはかけ離《はな》れていきます。ＪＡＭＳＴＥＣ側にしたら「長沼はなにをやっとるんだ」でしょう。しかも、アワビの筋肉細胞を培養して、アワビの肉を安く作ろうというかなり実用的な研究です。

ここでも、すぐにいい成果が出ちゃったのですね。所長は大喜びで「君、ずっとここにいたら？」と言ってくれました。ＪＡＭＳＴＥＣの留学期間は1年だったのだけど、所長のお墨《すみ》付きが功《こう》を奏《そう》して結局アメリカに2年いました。そこで頑張ればＵＣＳＢの職員にもなれたでしょう。でも、なにか物足りなさを感じました。そう、〝山登り〟じゃなくて〝ハイキング〟をしているような気分だったのです。だから、サンタバーバラに残りたい気持ちを押し殺して、使命感をもって日本に帰ることにしました。

日本に戻ると、僕にまた声をかけてくれるところがありました。広島大学です。

死なない微生物が教えてくれたこと

広島大学に移ってもJAMSTECと共に深海研究に携《たずさ》わっていました（この裏切り者め！　と罵《ののし》られたこともありましたが、むしろ、以前にも増して楽しく受け容れてもらったことのほうが多かったです）。1997年に潜水船「しんかい6500」に乗り込んで、大西洋中央海嶺《かいれい》という海底火山脈の熱水噴出孔で微生物を採取することになりました。この大西洋中央海嶺に行くのは僕の念願で長く順番待ちをしていたのです。念願叶《かな》って海底火山のある深海3650mに潜りました。海底火山からは200℃以上もある熱水が黒煙《こくえん》のように噴出していました。生物にはかなり過酷《かこく》な環境です。僕はイオウ（硫化水素）をエネルギー源にしている微生物（イオウ酸化細菌）がいると思われる熱水を採取し、無事に潜航ミッションを終えました。

潜航後は母船「よこすか」の実験室（ラボラトリー）で、採取した微生物サンプルの取り扱いにかかります。「さあ、培養《ばいよう》だ」と思ったのですが……培養に必要な〝イオウ〟が見当たらない。どこを探しても見当たらない。

「あ！　日本に忘れてきた！」

釣《つ》りエサを忘れたら車で近所の釣具店に行けば良いのですが、船は大西洋のど真ん中。最寄りの場所にエサを売っている場所なんてありません。

「俺はなにやってるんだ……」

僕は大西洋の真ん中で頭を抱《かか》えました。今、この現状でできることはなにか。ファースト・ベストが叶わないなら、セカンド・ベストはなにか。船の甲板《デッキ》に出て大海原を眺めながら、頭脳をフル回転させました。

大海原の水平線に白い影が見えました。だんだん近づいてくるそれは大型貨物船でした。僕はそれに〝父〟を見ていました。その頃、父は生命に関わる大きな手術をすることになっていました。僕が大西洋に出た後に決まったことで、僕にはどうすることもできません。父に対してなにもなす術《すべ》がなく、せっかく採った〝熱水〟サンプルに対してもなす術がない。そんな八方ふさがりの暗い気持ちでした。

その時でした。あの白い船の〝白さ〟と父の死の予感が重なったのは。そして霊的な呪力を持つという「塩」のイメージが浮かんだのは。この時、ふと「この微生物を培養する液に塩をぶち込んだらどうだろう」とひらめいたのです。つまり「塩分変動」とバクテリアの関係を調べようと。

海底火山の下では、圧力や温度が高く、水は通常のように沸騰《ふっとう》する代わりに、超臨界《ちょうりんかい》水《すい》になります。超臨界水は水と性質が異なり、普通の水のように塩を溶かしません。海水には塩分が含まれますが、超臨界水には塩が含まれません。塩分は、超臨界水になれなかった〝ただの熱い水〟（亜《あ》臨界水）に吸収されます。このため塩分がない超臨界水と、塩分濃度が高い亜臨界水がまるでモザイクのように混在することになります。すると、そこにいる微生物にとっては塩分変化がすごく激しい過酷な環境になるはずです。その微生物が曝《さら》されている環境は、塩分ゼロと飽和《ほうわ》塩分の両極端を行ったり来たりしていることになる。……これは興味深い。塩だったら、船のキッチンにたくさんあります。しかも、研究者仲間に話すと「おもしろいじゃない」と好反応でした。

高い塩分濃度《のうど》では、たいていの微生物は死んでしまいますが、海底火山周辺には高い塩分濃度でも耐《た》えられる微生物がいるのではないかと予想しました。やってみると案の定《じょう》、塩分濃度を高めても耐えられる微生物は確かにいました。その微生物の培養液を少量採って、今度は真水につけてみました。熱水噴出孔付近では、塩分の濃淡《のうたん》の変化が激しくあるわけですから、急に真水に移してもこの微生物は死なないと予想したのです。この予想も当たり、塩分濃度の濃い培養液から、真水に移しても、その微生物は死にません。ほう、これは新発見かもしれない。僕は期待に胸を躍《おど》らせて塩分の濃淡の変化に耐えた微生物を日本に持ち帰りました。

そして、微生物の遺伝子を調べ、データベースサーチしました。データベースサーチとは、遺伝子情報をデータベースに入れて、どんな遺伝子に近いか探し、その遺伝子の仕組みなどを明らかにする方法です。調べた結果、僕が大西洋の海底火山から採った微生物と〝ある遺伝子〟が99％同じ「ハロモナス」という微生物がいることがわかりました。ある遺伝子とは、よく微生物の分類に使われる遺伝子で、専門的には16ＳｒＲＮＡ遺伝子といいます。それが99％同じということは、それは新種ではなかったということです。つまり、ほぼ同じ種類ということ。

「どういうことだろう」

ほぼ同じ16ＳｒＲＮＡ遺伝子を持つ、データベース上の微生物の住んでいる場所は、なんと南極だったのです。

深海から他の辺境へ

日本に住んでいれば、海は身近な存在です。地球の表面のおよそ七割は海。だけど、僕たちの知る「海」のもっと奥《おく》深くに深海という世界が広がっていて、地球の海全体の体積の約95%を占《し》めています。人間は大航海時代に覇権《はけん》を争い、今やどこにでも船で行ける。お金を出せば一般の人だって世界一周や南極クルーズができる。エベレストだってお金を出せば、それなりの体力と登山スキルがあれば登れてしまう時代です。しかし、いくら交通や通信網《もう》の発達で地球は狭《せま》くなったといっても、地球はまだまだ広いのです。その広い地球上に僕たちが知らない未確認生物は少なく見積もっても数百万種いるでしょう。微生物も入れると数千万〜1億種を超えるともいわれています。そういう地球生物圏の中でも、特に深海は未知の領域です。地下（地底）だってそうです。人間は地球生物圏についてまだなにも知らないも同然なのです。

地球上で最初の生命が誕生した場所は、原始の地球の状態に近い熱水噴出孔だ、という説をご紹介《しょうかい》しました。チューブワームなどが住む熱水噴出孔やそこの生物群集を研究することは、僕たちに脈々とつづく生命が遂げてきた進化の道のりを解き明かすことにつながるのではないか。そんなことを思い、辺境である深海環境の研究をつづけました。そして、深海研究をつづけると、南極というこれまた辺境につながりました。そうやって、深海、南極、そしてさまざまな辺境へと僕のフィールドは広がっていったのです。

生物学の巨人たち | 2

ドーキンス一族自体がまさに「魅力《みりょく》的な遺伝子の乗り物」

リチャード・ドーキンス [1941年〜]

Richard Dawkins

イギリス・オックスフォード大学教授。専門は動物行動学、行動生態学。イギリスの特権階級の裕福な家庭に育ち、オックスフォード大学で動物学を学んだ。

ダーウィンの思想的な継承《けいしょう》者で、『種の起源』発表当時は明らかでなかった「遺伝子」を中心に据《す》えた新しい進化論（総合説＝ネオ・ダーウィニズム）を提唱したことで知られる。

1976年、ドーキンスは『利己的な遺伝子』を出版し、その中で「体は、遺伝子が次の遺伝子を作るための手段にすぎない」という「利己的遺伝子説」を唱えた。この考えは大きな論争を巻き起こし、たちまち世界中で大ベストセラーとなった。ちなみにこの本のタイトルは、当初『協調的な遺伝子』が候補だったということも意味深である。

『利己的な遺伝子』で論じられた「連綿と生き続けていくのは遺伝子であって、個人や個体は遺伝子の乗りものである」という考えの前段階にはイギリスの生物学者W・D・ハミルトンやメイナード＝スミスらによる「血縁進化説」があり、ドーキンスは利己的遺伝子という比喩《ひゆ》によってそれをわかりやすく解説した。「利己的な遺伝子」はあたかも遺伝子が生物にとって都合のいい「乗り物」になるように、遺伝子自身が「目的意思」を持って突然《とつぜん》変異を起こしているかのような誤解を招いた結果、「利己的遺伝子」が本当に存在していると思っている人も少なくない。もちろん、ドーキンスは決してそのようなことは述べておらず、生物の設計にはどんな「デザイナー」も存在せず、進化とは「偶然《ぐうぜん》の積み重ね」であることを多くの著書で力説している。『神は妄想《もうそう》である』などの宗教批判、無神論支持の著作も多く残している。

第3章

コスモポリタンを追いかけて——南極＆北極編

WORLDLY WISDOM FOR 14 YEARS OLD

辺境の大地に眠《ねむ》る、手つかずの謎《なぞ》

日本人はどういうわけか、南極が大好きです。僕《ぼく》が3回南極に行ったと言うと、子どもからお年寄りまで目を輝《かがや》かせます。

「ペンギン見た？」

「どれくらい寒いの？」

「昭和基地ってどんなの？」

「凍ったバナナで釘《くぎ》打てるの？」

と、質問攻《ぜ》めにあいます。

なぜ日本人は南極に惹《ひ》かれるのでしょうか。年配の方は、第2次世界大戦後、国際社会に復帰してまもなくの第1次南極地域観測隊（1956～57）および現地で急に決まった予定外の「越冬隊《えっとうたい》」の記《き》憶《おく》が強烈《きょうれつ》なのでしょう。敗戦国日本が戦勝国と国際舞台《ぶたい》で肩《かた》を並べた記念碑《きねんひ》的な出来事です。しかし、60年も昔のことを覚えている人でなくとも、南極への興味は尽《つ》きません。それは、技術の進んだ現代の力をもってしてもかなわない、とてつもない自然への畏怖《いふ》の念に近い感情なのかもしれません。実際、南極の地では、少しの油断で命を落としかねません。寒さ、乾燥《かんそう》は、まさに辺境の名にふさわしい。過酷《かこく》な大地です。

北極圏《ほっきょくけん》、湿地《しっち》、砂漠《さばく》、密林、高山といった本来、人間が生きにくい所でも、人は工夫を凝《こ》らして暮らしてきました。しかし、これほどまでに人間は世界に拡散したのに、いまだに南極に人は自活して定住していません。おそらく、これからも無理でしょう。だからこそ、南極には地球の歴史を解き明かすヒントが手つかずで残されているのです。

南極の厚い氷の下には４００あまりの湖が確認されています。なかには日本最大の湖・琵琶湖《びわこ》の面積の20倍以上、深さも６００m以上ある湖もあります。ロシアやアメリカなどはすでに数百メートルから数千メートルにも達する穴を掘《ほ》り、これらの湖の調査をはじめています。そこには過去３０００万から１５００万年前の地球の環境《かんきょう》が閉じ込《こ》められていると考えられています。

果たしてそこには、なにがいるのでしょうか、そもそも、なにかがいるのでしょうか。

「長沼くん、南極に行く？」

アメリカから日本に帰ってややあって、僕はＪＡＭＳＴＥＣから広島大学に異動しました。当時の広島大学では深海生物の研究はほとんど行われていませんでした。僕が担当した研究室のテーマは「生物海洋学」といって、おもに水中のプランクトンを研究していました。瀬戸内海《せとないかい》は海の幸が有名でしょ。瀬戸内海は魚介類《ぎょかいるい》が豊富に獲《と》れますが、それは学問的な予測値よりも獲れすぎだと指摘されていました。予測ならせいぜい年間20万トンくらいのところが、最盛期には年間40万トンの水揚《みずあ》げがありました。その理由の一つには、魚介類のエサの源として今までは考えられてこなかった微生物《びせいぶつ》、バクテリアがあるんじゃないかと、いろいろな人が考え始めていました。そこで、水中のバクテリアをうまく数えられる人はいないかと、僕が引っ張られたのです。

広島大学に移っても、深海で出会った微生物、ハロモナスへの気持ちはいっこうに冷めませんでした。なぜ南極と海底火山という、まったく異なる辺境の地に、同じ微生物がいるのでしょうか。データベースでの調査結果が出た日から、南極と深海をつなぐ、わずか1〜2μm《マイクロメートル》（1000分の1㎜）のハロモナスのことで頭がいっぱいになりました。ちなみにハロモナスの「ハロ」は塩、「モナス」は菌という意味で、直訳すると「塩菌」です。

僕の仮説はこうです。

南極は極寒の大陸ですが、雪と氷だらけにも拘《かかわ》らず、実は「乾燥した大陸」です。湿度がとても低くて、海水をかぶってもすぐに蒸発してしまい、そこに塩分が残ります。だから南極の海岸線にある土地——雪や水に覆われておらず岩盤が露出《ろしゅつ》した「露岩域《ろがんいき》」——は塩漬けといっていいほど高塩分です。夏季になると氷や雪が融《と》けるので、その土地にいる微生物は真水にさらされます。つまり、海底火山の熱水噴出孔《ねっすいふんしゅつこう》と同じように、南極の露岩域は塩分変動の激しい環境なのです。お互《たが》いに遠く離《はな》れた大西洋の海底火山と南極ですが、もしかしたら、遺伝子的に近い微生物がいても不思議ではないかも……。僕はそう考えました。

さっそく南極がどういう場所なのかを知るために、東京の板橋区にある国立極地研究所（現在は立川市へ移転）の神田《かんだ》啓史《ひろし》教授（当時）を訪ねました。先生にご挨拶《あいさつ》して、極地研に保管されているいろいろなサンプルを使わせてもらえたらいいなと思ったのです。事前に訪問の約束をしていましたが、神田先生の部屋をノックするとどうやら海外の相手と電話中のようでした。

先生は僕の顔を見て、

「君が長沼君？　ちょっと待っててね」

と電話をつづけます。盗《ぬす》み聞きしていたわけじゃないけれど、日本とイタリアとで南極の共同研究が進行中なのに、日本側で欠員が生じてどうしようかね……というような話をしています。とつぜん、先生が僕を振《ふ》り返って、

「長沼君、南極に行く？」

と。一瞬逡巡《いっしゅんしゅんじゅん》したけれども、「はい、行きます！」と答えました。先生は僕が出版した『深海生物学への招待』を読んで興味を持ってくださっていたとのこと、神田先生が「行くか？」と言うのだから、僕が行ってもなんとかなると判断してくださったのでしょう。ご挨拶に、と伺《うかが》っただけなのに、数ヶ月後に南極に行くことが決まってしまいました。しかし、問題は日程です。西暦《せいれき》2000年の1月に日本を出て、2月の末に帰ってくるというのです。僕は大学で教えていますから、この期間は試験や採点などで一番忙しいとき。いくら僕が楽観的だといってもこれはまずい。逡巡したのはこの日程を思

ってのことでした。が、もしあのときに、返事を大学に持ち帰っていたら、大学に反対されたに決まっています。僕が思うに、大きなチャンスのときは、まず手を挙げることが大切です。決まってしまえば、後はなんとかなるものです。……いや、本当は大学に理解をしてもらうのに大変でしたけどね。

ピンチヒッターで南極へ

大学の仕事を調整し、ようやく南極に行けることになりました。神田先生が声をかけてくださったのは、日本隊のピンチヒッターとしてでした。ミッションは日伊のチームで行うコケの生態学の調査です。

「空いた時間に君の研究テーマ、ハロモナスの調査をしてもいいよ」

とも言われました。

ニュージーランドから真南に下りたあたりの南極にはロス海という大きな湾《わん》があって、イタリア基地はそこに面しています。その一帯は南極基地の〝プチ銀座〟のような場所で、イタリアの他にアメリカやニュージーランドの基地があります。ちなみに、日本の昭和基地はマダガスカルの南方、リュツォホルム湾東岸、南極大陸氷縁《ひょうえん》から4㎞の東オングル島にあります。日本では、南極観測隊というと夏隊、越冬隊があります。毎年12月頃に夏隊、越冬隊揃って南極の昭和基地に到着《とうちゃく》。そこから約2ヶ月間の作業を終えると、夏隊は前年の越冬隊と一緒《いっしょ》に日本へ帰還し、新たな越冬隊はそれから1年間観測をつづけます。イタリア隊は夏隊のみで越冬をしませんが、それでも夏場には百人を超す人たちと、ここで寝食《しんしょく》を共にしました。

国際協力のプロジェクトのため各国の人たちがいますが、7、8割がイタリア人でとても明るい雰囲気《ふんいき》でした。イタリア隊には僕ともう一人の日本人が加わり、イタリア人のおおらかな気質もあって、気楽にやらせてもらいました。船もそうですが、基地にもそれぞれ、お国柄《くにがら》が出ます。イタリアのラテン気質は僕に合うようで、とても過ごしやすい隊でした。ただ、イタリア人たちと過ごしてみて、わかったことがあります。〝全智全能の神〟でさえも不可能ではないかと思ったほどのことでした。それはずばり「集合写真」！「さあ、撮るよ」と言っても、決まって誰《だれ》かがいない。どこかでたばこを吸っているんです。呼びに行った人も帰ってこない。最初にたばこを吸っていた人が戻《もど》ると、また誰かがいない。これが繰《く》り返されて、結局、全員が集合した思い出の一枚は手元に残りませんでした。

僕たちの間で「ドライ」と「ウエット」という慣用表現があります。これはお酒に関する表現で、ドライというのはお酒が禁止、ウエットはお酒がOKという意味です。幸い、僕が参加したときのイタリアの隊長はアルコールに対して寛容で、隊員一人につき1日2本のワインが支給されました。それ、飲み過ぎじゃないの？と思うかもしれませんが、ランチに1本、ディナーにも1本、食事を大切にするイタリア人にとってワインは欠かせない飲み物ということです。やっぱり、その国の文化は尊重しなくてはいけません。とはいえイタリア隊だから、ワインがOKというのではなく、ドライかウエットという方針を決めるのはその時期の隊長によるそうです。同じイタリア隊でも、僕たちの前の隊は「ドライ」の隊長だったので、

人なつこいアザラシがお出迎え。

もしその隊に参加していたら、僕には不運だったことでしょう。ちなみに、ワインを見て驚《おどろ》きました。ワインのラベルに「DOCG」の文字が見えたのです。これはイタリアワインの最上位に位置づけられるワインの印。たまたまその時だけかと思っていたら、毎回DOCGワインが食卓に並ぶではないですか。さすがイタリア人、お酒はケチらないんですね。それにやけに料理がうまいなと思ったら、厨房《ちゅうぼう》には三つ星レストランのシェフがいるという。それも三人も……。彼《かれ》らが毎日おいしい物を競って作ってくれました。僕はおいしい食べ物が好きですし、お酒も大好きです。その上、南極は寒いからカロリーを消費するので食べても食べても太らない……グルメ天国、イタリア隊！

この世の天国は、南極のイタリア基地にあったのです。僕はイタリア本土は知らないけれど、南極のイタリアなら知っている。イタリア、ブラボー！

南極は、寒くてしょっぱい砂漠だった。

もちろん、食べて飲んでばかりではありません。調査もしっかり行いました。数日おきに、ヘリコプターで1～2時間ほど飛んだ所にあるフィールドで調査をします。深海調査とは勝手が違って、戸惑い半分、新鮮さ半分でした。深海では潜水船《せんすいせん》に乗り込《こ》むのは三人ですが、洋上の母船にはクルーがいっぱいいて、僕たちをいつも見守ってくれます。すごいサポート体制ですよね。一方、南極はヘリで運んでくれるというサポートは手厚いけれど、ヘリが去ると二人だけ、真っ白な氷の大地に残されます。単独行動は危険なので二人一組の〝バディ・システム〟。迎《むか》えが来るまで、二人で南極大陸をほっつき歩くのです。二人の仕事は、コケの生態調査。土の中の含水率《がんすいりつ》とコケの存在度を測り、土の中の水分がどの程度あると、どのくらいコケが生えるのか、という関係を調べることでした。

移動はヘリコプターで。便乗できない時は歩ける範囲で歩き回る。

　南極は「白い大陸」ってよく言うけれど、僕に言わせれば〝白い〟とともに「〝しょっぱい〟大陸」です。そしてさっきも言ったように、とても乾燥しています。沿岸部の露岩域《ろがんいき》にあるいくつかの湖沼《こしょう》をのぞけば、液体の真水はほとんど存在しません。なかでも、ロス海の近くの南極ドライバレーと呼ばれている地域は、世界一乾燥している場所です。皮膚《ひふ》もすぐにカサカサになってしまう。唇《くちびる》もカッサカサ。女の人は大変でしょうね。一見、真っ白で雪や氷だと思っても、実は塩のせいで白いという所がたくさんあるのです。あちこちに、脱水症状《だっすいしょうじょう》で死んでしまったアザラシのミイラが転がっていました。僕たちも調査にでるときには、なによりもペットボトルの水を忘れないように注意されました。さもないと、すぐにのどがカラカラになって、僕たちもミイラになりかねないからです。

「まるで寒い砂漠だな」

僕は南極に行き、熱い砂漠のことを思っていました。

本当は恐《おそ》ろしい、塩のはたらき

梅干しや漬《つ》け物ってしょっぱいですよね。ベーコンや魚の塩漬《しおづ》けなどは、なぜ塩をあれほど使うのでしょうか。答えは、塩がバイ菌《きん》の繁殖《はんしょく》を抑《おさ》えるからです。バイ菌だけではなく、基本的に生物は塩分に弱いのです。塩の浸透圧《しんとうあつ》によって体の水分が塩に奪《うば》われ

ミナミゾウアザラシのがいこつ。

てしまうこと、塩のナトリウムイオンが生物の体内に過剰《かじょう》に流入して体内のイオンバランスが崩《くず》れること、という2つの理由から、タンパク質が変性したり代謝が阻《そ》害《がい》されて、生物は致《ち》命的《めいてき》なダメージを受けます。しかし、「高度好塩菌《こうえんきん》」と呼ばれる、塩分が好きな微生物がいます。すごいものだと塩分濃度《のうど》が30%でも増殖《ぞうしょく》します。30%といったら飽和《ほうわ》食塩水。ちなみに海水の塩分濃度は3・5%です。高濃度の塩分でも平気なのは、体（細胞《さいぼう》）の外の高塩分に拮抗《きっこう》するように、体内（細胞内）に浸透圧やイオン濃度を調整する物質（たとえばアミノ酸の一種のエクトイン）を溶《と》かし込《こ》んでいるからです。

しかし、高度好塩菌にも弱点はあります。真水に入れると、水分が過剰に体内に流入して細胞が膨張《ぼうちょう》して死んでしまうのです。彼らはもともと高濃度の塩分に適応して進化してきたので、逆に塩分がない環境では生きられません。その点、ハロモナスはすごい。飽和食塩水でも真水でも生きることができるのです。ほぼ真水（塩分ゼロ）から飽和まで幅広い塩分範囲で生きられるから、好塩菌《こうえん》と同じ読み方で「広塩菌《こうえん》」と呼ばれていま す。こんな（塩分的に）無敵の微生物は、ハロモナス以外にはあまり見つかっていません。ハロモナスがこのような特異な能力を獲得《かくとく》できた理由は、体内のエクトインなど「浸透圧調節物質」の量を自在にコントロールできるからです。外界の塩分濃度が高ければ体内の調節物質を蓄積《ちくせき》し、低ければ排出《はいしゅつ》するのです。たった1〜2㎛の小さな体なのに、実に巧《たく》みにできていますしね。

南極大陸の沿岸部は雪も氷もなく、むき出しの岩で「露岩域《ろがんいき》」といいます。そこにはかつて海面下だった所もあります。今から1万年前から南極の氷河がどんどん後退し、氷の重しが取れたことで、それまで海面下にあった陸地が現れてきたのです。乾燥しているため、海水がどんどん蒸発してもともと海底だった陸地には塩分が残ります。そして南極の土地は、場所によっては、夏になると雪や氷が融《と》けた真水が流れてきて、激しい塩分変動にさらされるのです。そのため、海底火山で見つけた〝塩分変動にさらされても生きていける〟微生物が南極にいても不思議ではありません。

露岩域は至る所で塩を吹《ふ》いていました。場所によっては一面真っ白な塩の湖がある。白いから雪か氷だと思っていたら、塩湖だったということが何度もありました。夏の一時期、雪や氷が融けると沢《さわ》ができる。そういった所に藻《も》やコケが彩《いろど》る緑の天国が現れます。でも、土は本当にわずかしかありません。岩が露出《ろしゅつ》している所は、岩の表面が風化して、そういう所で土が作られるのです。

原始の地球も同じなんです。46億年前に地球が誕生した後、大陸はあったけれども土はなかった。やがて岩石が風化してボロボロになって、土っぽくなって、そこに生物が出てきた。土に生物の死骸が混ざれば「土壌《どじょう》」になります。南極ではそんなふうにしてできた土にペンギンの死体や糞《ふん》が積もり、ルッカリー（ペンギンのコロニー）の土にコケが生えてきたりして、土壌ができる。つまり、南極では原始の地球での土の始まり、土壌の始まりの再現を見ることができるのです。僕は「ペンギンはかわいいなあ」なんて思っている場合ではなく、コケを見て「おお、土壌の始まりだ」と興奮していました。

そういう所には、微生物がたくさんいます。でも、そうじゃないツルツルの岩盤《がんばん》のところでも、転がっている石を見てみると、石の1～3㎜ぐらい内側に生き物が住んでいる。専門的には「岩石内微生物（エンドリス）」といいますが、紙幅《しふく》の都合により本書では深入りしません。

本務のコケ調査をやっても余った時間で、塩湖などでハロモナスを探しました。そして目論見《もくろみ》通り、大西洋の海底火山で取ったものとほとんど同じ遺伝子を持つ微生物を見つけました。極寒の上、塩だらけという、生物にとっては厳しい環境にも拘らず、ハロモナスはいたのです。高濃度の塩分でも真水でも平気なばかりか、海底火山の高温にも、南極の低温にもハロモナスのグループは適応していることがわかったのです。大西洋での研究と、南極での研究を経て、僕は真水でも飽和食塩水でも、どちらの環境でも暮らせるハロモナスをさらに地球上の他の場所で探すことにしました。それは、深海といわず南極といわず、世界中どこでもが研究フィールドになるということです。次はどこへ行こう。砂漠か高山、北極にも行ってみたいなあ、地底もありだな……。海底火山で見つけた体長1～2㎛のハロモナスが僕を南極へと連れて行き、さらに世界中を旅させるとは。次の調査地を夢想しながら、僕は日本に戻《もど》りました。

北極でも見つかった、あの微生物

日本に帰ってくるやいなや、東京大学の海洋研究所から、

「長沼さん、北極海にある海底火山の研究にも行きませんか？」

というお誘《さそ》いがありました。東大海洋研の地球物理の玉木《たまき》賢策《けんさく》先生（故人）が、北極海の海洋プレートの運動を調べていらして、大西洋中央海嶺《かいれい》の一番北側の端《はし》っこを観《み》るために北極海の深海調査をするというプロジェクトに呼ばれたのです。ご存じのように、南極は大陸で、北極は海です。その北極海にも海底火山があるのです。

「はい、行きます！」

返事はもちろん即答《そくとう》です。

「運がいいですねえ」と言われることがあります。確かにその通りなのですが、そればかりでもありません。僕はあちこちで言いふらしているんです。「こんな変なの採れたよ」とか「北極に行きたいなあ」とか。そんな言葉が誰かの脳裏に引っかかっていて、北極海の海底火山の調査をやるっていうときに、

「そういえば、この間、長沼君が北極海に興味あるって言ってたな」
「じゃあ、呼ぼうか?」みたいな話なんです。それで、打診《だしん》が来たら「行きます!」と即答する。ためらってはいけないのです。でも、ぼくは基本的に出不精《でぶしょう》なんです。決まったら決まったで、「北極かぁ。ヘルシンキかコペンハーゲン経由で、オスロー経由して船かな……。また船かぁ。北極海は揺《ゆ》れそうだなあ。遠いなあ……」と憂鬱《ゆううつ》になる。でも、手を挙げたら行くしかありません。今までそんなふうにやってきたのです。

2000年9月、北極海でノルウェーが管轄《かんかつ》しているスバルバル諸島の最大の島スピッツベルゲンからロシア船に乗りました。スピッツベルゲン島は、北極研究のメッカです。北緯《ほくい》は79~80度、昭和基地が南緯69度であることと比べると、ずいぶん緯度が高いことがわかります。北極は南極のように乾燥《かんそう》していません。スピッツベルゲンには、暖流のメキシコ湾流《わんりゅう》のなれの果てが流れ込むので、意外と温かくて、海から湯気が立っています。わりと水っけは多いのです。

北極と比べると、南極の周りは西から東へ向かう「南極周極流」っていう地球でたった一ヶ所、地球を横切るように一周する海流があります。それによって、南極大陸は他

スピッツベルゲン島でサンプル採取。北極海の氷の
下には鉱物資源がたくさん眠っていると言われる。

の海と切り離されています。だから現在の南極には決して暖流が入ることはなく、南極は冷やされる一方です。南極では空気中の水蒸気も凍《こお》ってしまうので、空気も非常に乾燥しています。北極に「南極の飽和食塩水溜《だ》まり」みたいな所があるかというと、おそらくないでしょう。南極は塩分的な変動がとても大きいけれど、北極は違《ちが》います。高等植物が極に近い方まで入っているし、ツンドラには花をつける植物もある。そういった意味では、南極とはまったく違った環境です。

北極海でのロシア人との共同調査もまた新鮮で楽しいものでした。もちろん、北洋での海上作業は肉体的にはツラかったですが。日本だとお役所的な勤務時間のルールがありますが、ロシア船は時間なんて関係ないようです。できるとなったら24時間ぶっ通しでもやる。船によって、少しずつ仕事の仕方は変わります。その違いに困惑する人もいるけど、その違いが僕にはかえっておもしろく感じられました。国によっていろんなやり方があるのです。

僕は海底から噴《ふ》き上がる熱水をサンプリングして、微生物を調べていました。「ハロモナスは南極にいたのだから、北極にもいるのではないか」そう思い、帰国後に学生の一人に探してもらうと、やはり見つかったのです。ハロモナスの遺伝子を調べてみたところ、イオウ酸化細菌（63ページ参照）が持っている「暗黒の光合成」の遺伝子を持っていました。第2章でも触れましたが、イオウ酸化細菌とは、無機物のイオウを酸化して、そのときに出てくる化学エネルギーを使って有機物を作り出す「独立栄養生物」のバクテリアです。「独立栄養生物」の反対は「従属栄養生物」。従属栄養生物というのは、生きるのに必要な栄養を食べ物に依存《いぞん》する生物のことです。つまり「食べる」ことで、もちろん僕たち人間を含《ふく》む動物はここにあてはまります。一方で、独立栄養生物の代表としては、光合成をする植物がわかりやすいでしょう。

光のエネルギーをもとにして、体内で必要な栄養を独力で合成できる生物です。

独立栄養に話を戻すと、要するに二酸化炭素を還元して有機化合物を合成し（このことをしばしば二酸化炭素の〝固定〟といいます）、それを自分の身体や栄養にするわけですが、そのためには「ルビスコ」という酵素《こうそ》が必要です。イオウ酸化細菌は、このルビスコを作るための遺伝子を持っています。採取したハロモナスも、なんと、これと同じ遺伝子を持っていました。つまり、ハロモナスも独立栄養で生きられる可能性のあることが示唆《しさ》されたのです。「ハロモナス＝従属栄養生物」という、これまでの僕の常識を覆《くつがえ》す発見でした。これは「人間も植物と同じように光合成ができる」というのと同じくらいの驚きでした。食べ物がないようなどんな場所でも、彼らは生きていけるのです。

ここからさらに「植物以外にも独立栄養生物（特に微生物）は意外と多いかも」というアイデアも出てきました。僕の北極航海の10年ほど前の1991年、「タイタニック号」の調査がありました。「タイタニック号」は1912年に大西洋の海底に沈《しず》んだ、あの悲劇の豪華《ごうか》客船です。海底に横たわる「タイタニック号」には、船体の一部が溶《と》けて垂れ下がった、まるで〝つらら〟のようなものが随所《ずいしょ》にありました。これは英語で〝ラスティクル rusticle（rust 鉄の赤さび＋icicle つらら）〟と名づけられました。そして、

「実は微生物がラスティクルをつくっている」という噂《うわさ》が聞こえていました。海水中にゆっくりと鉄分が溶け出ることで船体は朽《く》ち果てるのですが、その鉄分を〝酸化〟して（鉄を錆《さ》びさせて）エネルギーを得る「鉄酸化細菌」がいるというのです。そして、その微生物はなんと、またしても、ハロモナスでした。

そのハロモナスは2010年に新種記載《きさい》され〝ハロモナス・チタニカエ〟と命名されました。チタニカエは〝タイタニックの〟を指すラテン語titanicaeのローマ字読みです。このハロモナスが鉄酸化をすると、溶け出た鉄がどんどん〝つらら〟になるので海水中の溶存鉄が減り、その分、鉄の溶け出しが促進《そくしん》されます。つまり、ハロモナスが鉄酸化すればするほどタイタニック号は速く朽ち果てるということ。この分だと2030年までにタイタニック号の船体の大半は溶けてなくなるだろうという予想もあるくらいです。

タイタニック号のハロモナスは鉄酸化細菌です。鉄酸化細菌はしばしばイオウ酸化細菌と同じように独立栄養を営みます。が、タイタニック号のハロモナスも独立栄養で生きているかどうかはまだ不明です。でも、もし、そうだとしたら、タイタニック号が朽ち果てるとそのハロモナスもエネルギー源がなくなり、やがて消え去るのでしょうか。あるいは、海水の流れに乗って別の沈没船《ちんぼつせん》に取りつくのでしょうか。ならば、タイタニ

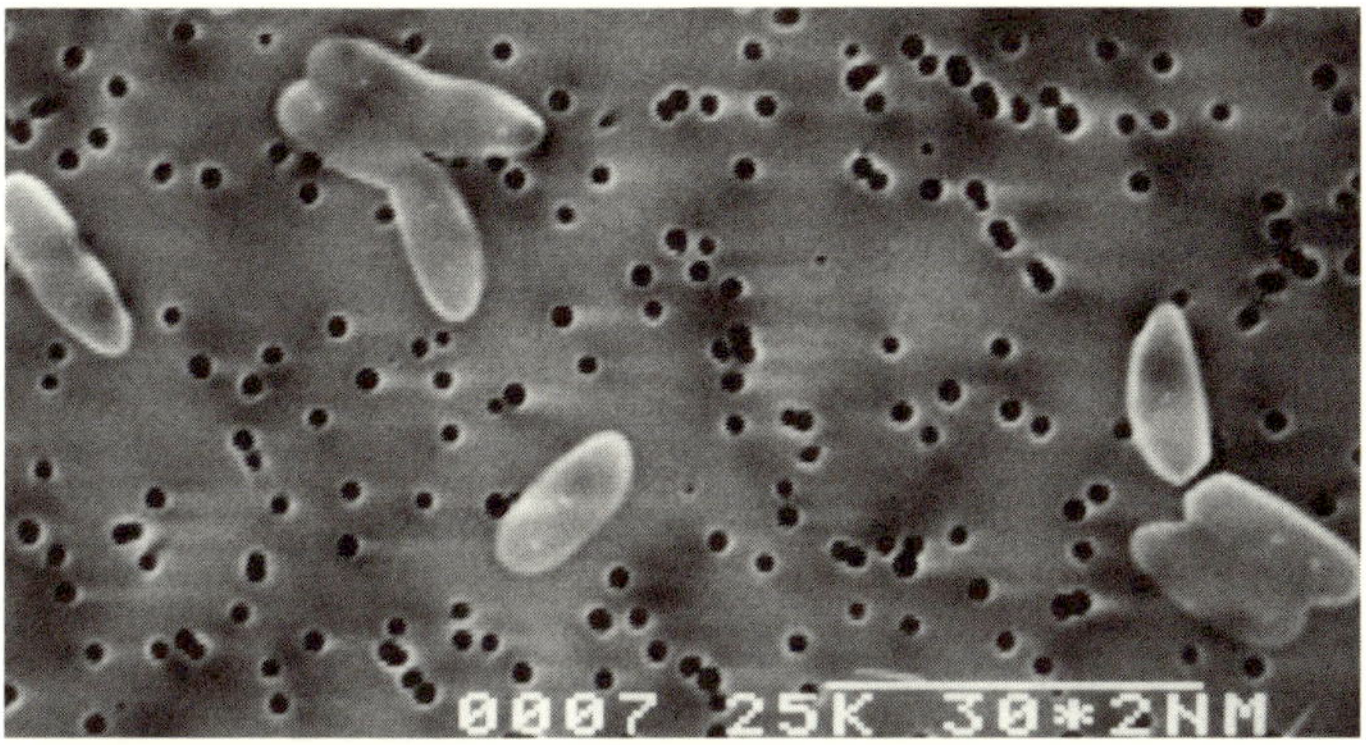

命名ハロモナス・チタニカエ。小さな黒い点々は「フィルターの孔（目）」、目合いの大きさは0.2μm。白い米粒のようなものがハロモナスの細胞で、長さ２〜３μm、太さ１μmほど。大きくなって二つに分裂中のものも見える。

ック号その他の沈没船は、船体はなくなってもハロモナスを通して「生命の連鎖《れんさ》」に入ったことになります。船は溶けても生の連鎖に。

ハロモナス・チタニカエの全ゲノムは２０１３年に発表されました。残念ながら、ここに独立栄養酵素「ルビスコ」の遺伝子はありませんでした。しかし、これが属している細菌グループ——ガンマプロテオバクテリア——は「遺伝子の水平伝播《でんぱ》」、平たく言うと「遺伝子のスワッピング（交換）」がとても頻繁《ひんぱん》に起きていることで有名です。ルビスコ遺伝子も、ある細菌種から別の細菌種へ、移動しては広がっていることでしょう。ハロモナス・チタニカエがいつかそれを獲得し、真の「鉄酸化独立栄養細菌」になる日も近いかもしれません。

〝コスモポリタン〟を追う旅が始まる

はじめ、僕は自分が海底火山から採ったハロモナスを海底火山〝固有〟の極限環境生物だと思っていました。しかし調べていくうちに、そのハロモナスは海底火山、南極、北極にもいることが明らかになりました。「これはひょっとしたら、ある条件下ならば地球上どこでも住めるのかもしれない」と考えるようになります。

「極限環境生物」というと、高い温度や高い塩分、という生息環境の厳しさに目が行きがちです。こんな環境でも生き延びることができる、と。しかし、そうではなく、耐《た》えうる環境条件の幅《はば》（範囲《はんい》）が広い、幅が半端《はんぱ》ではない、というところが、新しい意味での極限性を示しているのではないでしょうか。

「ハロモナスを追う旅」ってすごくおもしろいな、と思った時にはすでに冒険《ぼうけん》が始まっていました。でも、これをテーマに論文を書くのはとても難しいのです。つまり、「この火山にはこういう固有種がいる」っていう論文はわかりやすいし、書きやすい。だけど、逆に「どこにでもいられる」ってことは、どう証明したらいいんだろう。僕の言葉で「どこにでもいられる」微生物のことを「コスモポリタン」と呼んでいます。日本語にすると変だけど、世界人、国際人という意味で、コスモポリタンのほうがしっくりきます。ある環境で爆発《ばくはつ》的に増えた微生物は、その環境条件がぴったりの微生物といえるでしょう。固有種は固有種でその条件に適したものが選ばれます。ただ、どの環境にも適するコスモポリタンとなると、どんな環境でも「そこそこ死なずに生きていける」ような微生物ということになります。

微生物は、風にのって地球上をぐるぐると回っています。地球の風は偏西風《へんせいふう》でも偏東風《へんとうふう》でも一般《いっぱん》的に緯度に沿って横まわり。でも、南極と北極から同じハロモナスが発見されたということは、つまり、地球を経線に沿ってタテに移動したということです。緯度《いど》方向にヨコの移動なら、大気の下層（対流圏《けん》）で風に乗っていけますが、タテの移動は対流圏（ヨコ移動）の上層の成層圏になるのでしょうか。成層圏までハロモナスが舞《ま》い上がり、成層圏でさまざまな方向に移動して、地上や海で混合しているのでしょう。つまり、成層圏も生物圏の一部かもしれないのです。ハロモナスを両極で発見するまで、そんなことはつゆほども考えたことがありませんでした。

生物がどのように広がって分布しているのか。これを研究する学問分野は専門的には「生物地理学」といいます。「キリンはアフリカにいます」とか、「ジャイアントセコイアはアメリカに生えています」というように、動物であれ植物であれ、大きいものは分布がはっきりしているのでわかりやすい。でも、1㎛とか2㎛といった微細《びさい》な微生物となると、だんだんボヤけていきます。しかも、微生物は水や空気の流れに乗って広がっていくから、どこにでも分散できる可能性を持っている。その中でも特にハロモナスのような〝選ばれし者〟が、どこでも「そこそこ死なずに生きていける」のです。

どんな環境でも「蔓延《はびこ》る」には、しぶとさが必要です。英語でいうと「ダイ・ハード」ですね。しぶといダイ・ハードさがあることが必要です。速く分裂《ぶんれつ》を繰り返して増えるような性能よりも、分裂はゆっくりでいいから、只々《ただただ》しぶとく生き延びて死なない生き方もあります。ハロモナスを通して自然界を見渡《みわた》すと、ダイ・ハードである生命のほうが主流かもしれないということが、だんだん僕の中でわかってきました。

海底火山など、ド派手な場所に行くと、ド派手な生き物たちが、ド派手に増えてくる。ものすごいスピードで回転し、分裂し、また分裂して……というように、すごいスピードで物事が起きています。こういう、ド派手な生き物を生物学の研究対象にするには都合がいい。短い時間で研究が進むからです。でも、そういうのは、本当は地球の表面のごく一部。残りの大半は生物量が少ないし、とてもスローなんです。そのスローな方こそが、僕は自然界の本質じゃないかと思う。でもそんな少数、少量しか存在せず、しかも分裂スピードも遅《おそ》いものは、研究するのに時間がかかりすぎて、なかなか論文にならないんですけどね……。

どんな環境でも「蔓延るハロモナス」は僕の知る限り、苦手な環境はあまりありませんが、他の生物とのスピード競争には弱いようです。水もエサもたんまりあって温かいというような、生物が生きるのに適している環境があります。そんな環境にこれまで普通に研究対象にしてきたような微生物を入れると、あっという間に増えて、エサを食い尽《つ》くしてしまいます。逆に水もエサも少ないし環境も悪い、というような場所では、ハロモナスのような微生物のほうがより生き残りやすくなります。我々が考えるいわゆる「厳しい環境」がハロモナスを選択（スクリーニング）するってことなんですね。ハロモナスは「厳しい環境に選ばれた」けれども、言葉を換《か》えれば他のものが「自然淘汰《とうた》」されたとも言えます。僕はド派手な生物より、地味でしぶとい、そしていざ研究論文を書こうと思っても量産はできそうにないハロモナスを選びました。僕は簡単な道と厳しい道があれば、厳しい道を選ぶようにしています。これは、僕の尊敬する芸術家の故・岡本太郎《おかもとたろう》さんが、「迷ったら難しい方を選べ」って言っているからです。

「私は、人生の岐路《きろ》に立った時、いつも困難なほうの道を選んできた」

太郎さんがそう言うなら、僕も自分の道はそう進みたい。僕の「ハロモナスの生物地理学」は、こうしてしばらくつづいていきます。

最後に生き延びるのは、頭のいいヤツ。

「長沼さんは辺境地に行くので、さぞかし強靭《きょうじん》な体力と精神力があるんでしょうね」と言われますが、実際はそんなことありません。確かに若い頃《ころ》は柔道《じゅうどう》部だったけれど、今の僕はごく普通《ふつう》の体力の人間です。深海に行くのにもトレーニングはなかったし、南極のときも北極のときもなかった。本当は南極観測隊員にはトレーニングがあるのですが、僕はしなかった（ピンチヒッターでしたしね）。だけど、適応力はあるのかもしれない。現地に行って、大きく体調を崩《くず》したり、周りについて行けないことはなかった。相変わらず、船には弱いです。高山はさすがに辛《つら》くて、人よりもゆっくり歩いたせいで時間はかかりましたが、徐々《じょじょ》に高度順応できました。辺境といっても、みなさんの思うほどひどい環境ではなく、普通の体力があればなんとかなるんです。

南極や北極に行くのにも、防寒ウェアなどの支給はありません。アウトドア店に行くと、防寒服は売っていますがどれも高い。それでも安くてそこそこに防寒性のあるウェアを探すには、僕が思うに、釣具屋がベストでしょう。釣具屋に置いてある防寒着は意外といいのです。アウトドアウェアは基本的に、山を歩いたりする人の服でしょう。スキーウェアだってそう。自分が動く分には体は温まるんです。むしろ、寒いのは釣りですよ。だって、寒風に吹《ふ》かれて、じーっとしてるんですから。

人間、しかるべき服を着ていれば、どんな環境でもそれなりに強い。でも裸《はだか》だったらダメですね。すぐに死んでしまう。たとえば風が秒速10m吹いたら、大雑把《おおざっぱ》に言って、体感温度は約10℃下がります。人間の場合、体毛は生えてないし、血液の循環《じゅんかん》も寒さに対応していない。体表から熱を奪《うば》われにくくするものがないので、あっという間です。ペンギンが裸足《はだし》で氷の上に立っていても、低体温症《ていたいおんしょう》になって死なないのは、「奇網《きもう》」という血管のシステムのおかげです。ペンギンの脚《あし》では静脈と動脈が絡《から》み合っていて、足下から流れてくる冷たい血液を、温かい動脈との熱交換《こうかん》によって温めています。だから、体の奥の体温が低くならないのです。でも人間の場合は、裸足で氷の上に立ったら、足の裏を通して体温がどんどん奪われていきます。体幹の中枢部《ちゆうすう》の体温が34℃を下回ると人間は気を失う。それで寝《ね》っころがると、体幹をさらに冷やしてしまう。裸だとすぐ死んでしまう。それが人間です。

「寒さ」のついでに「トバ・カタストロフ理論」という説を紹介しますね。我々ホモ・サピエンス（人間）は、7万年前に、地球上の全人口が一万人にまで縮小しました。それは（今のインドネシアにある）トバ火山の超巨大噴火《ちようきよだいふんか》による急激な寒冷化のせいです。その頃、我々の祖先はまだアフリカにいました。温かければよかったのだけど、寒冷化によって世界が急速に冷え、適応できない生物や人間たちがバタバタ死んでいく。一方、「服」を発明し、それで寒さをしのいだ一万人は〝頭の良い〟者たちだったのです。そこで自然による非情なボトルネック効果がありました。あえて「淘汰《とうた》」という言葉を使いますが、自然による淘汰があって、〝頭の良い〟一万人が生き延びました。だから、現在の人間がやたらと頭がいいのは、その寒冷化による淘汰のせいだと思っています。それがなかったら人間はまだ、ここまで頭がいい集団にはなっていなかったでしょう。

今いる人間は、その時に生き延びる術《すべ》を開発した者の子孫なのです。「生き延びる術を開発する」ということが、生き残る秘訣《ひけつ》です。つまり、カタストロフィックな災厄《さいやく》が来たとき、頭のいいヤツなら生き残れるかもしれない。「偶然《ぐうぜん》」に左右されることもあるでしょうけれど、その偶然をも味方につけるだけの「知力」がものを言うのです。

南極研究の舞台裏

僕はこれまでに3回、南極に行きました。初めて行ったのはイタリア隊（２０００年）、次にスペイン隊（２００８年、この時は大陸ではなく〝海洋性南極〟、つまり南極に近い島々のひとつ「リビングストン島」に行きました）、そして日本隊（２０１０～11年）の一員としてです。２回目の時は、２００７～09年にかけて行われた国際極年（ＩＰＹ、インターナショナル・ポーラー・イヤー）の関係で訪れました。ここでは少し、南極において人間が歩んできた道のりを紹介《しょうかい》しましょう。

１８２０年、人間が南極大陸を「発見」すると、発見国や南極の近隣《きんりん》諸国が領土権を主張するようになりました。しかし、北極や南極を専門とする科学者たちは、「各国バラバラに調査するのも大変だから、一緒にやろうよ」と、国際共同研究を実施するため、1882年に「国際極年（IPY）」を開催《かいさい》しました。これをきっかけに、南極における国際協力が促進され、南極をめぐる国際的な合意に向けた動きが本格化しました。1910年、日本の白瀬《しらせ》矗《のぶ》、ノルウェーのロアルド・アムンセン、イギリスのロバート・スコットら、3つの探検隊が同時期に南極点を目指し、翌年にアムンゼンが初めて南極点に到達《とうたつ》しています。

IPYは、第2回（1932〜33年）、第3回（1957〜58年）と行われました。第2回と第3回の間が短いのは、その間に第2次世界大戦があって、その余波で観測技術が発達したためです。IPY3は事業内容にともなって、IGY（インターナショナル・ジオフィジカル・イヤー）、日本語だと国際地球観測年という名称になりました。1957年にロシア（当時ソビエト連邦）が世界初の人工衛星「スプートニク」を打ち上げたのも、IGYに関係があります。それからアメリカも負けじと頑張《がんば》りました。さらに、日本も1957年に昭和基地を作りましたが、それもIGY絡みです。

南極は人間の欲望が入り込まないような、平和な大陸にしようという気運があって、そこに第2次世界大戦で敗戦国になった日本の参加が認められるということは、国際社会への復帰という意味がありました。もちろん、先進諸国からは「日本なんて入《い》れないよ！」という声もありましたが、いろんな経緯《けいい》があって、日本の参加が認められました。IGYへの参加は、戦後の日本にとっては重要なことでした。この思いが、日本人が抱《いだ》く南極への憧《あこが》れにつながっているのかもしれません。

IGYの50年後、2007年にIPYが復活しました。そこで新しく加わったものが3つあります。一つは「インターネット」。インターネットを駆使《くし》して、南極や北極に関係のない国々や人々までをも巻き込んで、南極や北極のことは「我々みんなに関すること」だと呼びかけました。二つ目は、「地球環境」という観点が重要になりました。これまでは、単に極域の観測をするだけで、地球全体の温暖化ということは、まったく叫《さけ》ばれていませんでした。今の地球環境が、今後どういうふうに変化していくかを予見するという意味では、極域が鍵《かぎ》になります。温暖化の影響が最も顕著《けんちょ》に表れるのは、北極域や南極域だからです。そして三つ目の新しい点は、「微生物」。それまで極域は生物がほとんどいない「不毛の地」と考えられていましたが、微生物は意外といることがわかってきたからです。極域において、これほど大がかりな微生物調査が実施されたことはありませんでした。

世界中からＩＰＹに絡《から》んで約２千件の研究提案が集まり、ＩＰＹの委員会による審議《しんぎ》を経て、中核になりうるものが選ばれていきます。幸い、ずいぶん前から南極の微生物研究を行ってきた僕たちのプロジェクトは、中核となる研究の一つになりました。個別の研究も重要ですが、僕はそもそも世界各国で南極、北極における微生物の研究はどのぐらい進んでいるのか、特に特許関連に興味がありました。なぜかというと、微生物には特許が絡むからです。南極には平和利用や環境保護に関する国際的な取り決め「南極条約」があって、鉱物資源の探査利用は禁止されています。でも、条約ができた当時は「生物資源」という観点はなかったため、現状はどうなっているのかを知りたいと思っていました。そこで、これまで僕たちがやっていた南極、北極の「微生物の目録づくり」を、ＩＰＹに提案しました。これは決して、微生物の囲いこみではなく、「人間の共有財産にしたい」という南極条約本来の趣旨《しゅし》に添《そ》った思いからです。南極は特殊《とくしゅ》な場所です。一つの国やグループでは現地へ行ける回数に限りがあるでしょう。当然、得られるサンプルの種類や量にも限りがあります。だからみんなで分担してサンプルは共有しようよと。それによって、個々の研究はもちろん、サイエンスが格段に発展するのです。それを狙《ねら》ったわけですね。

日本が出したこの提案（プロポーザル）に対し、IPYの委員会から「他の似たような複数の提案と合わせて大きな計画案をまとめてください」と指示がありました。そこで、誰がリーダーシップをとるかが問題になったのです。僕は直接、有力な提案を出した人たちに会いに行って、「どうしますかね？」と相談をもちかけると「君がやんなよ」って言われて、結局、僕が音頭《おんど》をとる運びとなりました。それからが大変でした。各グループの予算やテーマの調整、人員の確保、資料作り……数ヶ国にまたがっていたため、面倒《めんどう》な話は、直接相手の国に乗り込んで話し合いで解決していくのです。これは僕のイタリア的なおおらかさが役に立ったと思います。IPYでは僕はスペイン隊のお世話になり、リビングストン島のキャンプ地にテントを張って、3週間ほど滞在《たいざい》しました。

IPYがひと段落した後、もうしばらく南極に行かなくてもいいかなと思っていたら、極地研から電話がありました。

「長沼さん、南極に行けないかな？」

時は2010年の5月。もう隊員が決まっていなければいけない時期です。……このタイミングで僕に電話が来るということは、なにか事情があるようです。困っている様子に、「わかりました、はいはい」と、ふたたび、しかし、初めての日本隊で4ヶ月間、南極へ行くことになりました。

南極の地底湖に、なにがあるのか。

本章の冒頭《ぼうとう》にも記しましたが、南極には現在４００あまりの氷床下湖《ひょうしょうかこ》が確認されています。「氷床」とは面積５万㎢以上の氷河を指しますが、そもそも南極大陸は１４００万㎢もあるので、大氷床です。氷床下湖はぶ厚い氷の下にあるので、まず目では見えません。レーダーや衛星などを使い、氷の下の地形を探ったのです。氷の表面の形は、氷の底の形を反映するので、山があれば盛り上がり、谷があれば沈みます。それで、真っ平らなのはどうしてだろうと調べたところ、湖があることがわかったのです。氷床下湖の中でも最大のヴォストーク湖の面積は琵琶湖の20倍以上、深さも６００ｍ以上あると考えられています。氷床下湖が発見される前、その上に旧ソ連が観測基地を作っていたので、現在はロシアを主とした調査チームが湖に向かって約３８００ｍ以上ある氷を掘《ほ》っています。この基地のある場所は標高３４８８ｍという高地で、世界最低の気温マイナス89・２℃を記録したことがあるほど過酷な場所です。その最低気温にあってもロシア隊は粘り強く20年かけて掘削《くっさく》し、2012年にヴォストーク湖表面の氷混じりの水を回収しました。その湖水サンプルからは新種と思われる未知の微生物の遺伝子がたくさん発見されました。今後少しずつ研究成果が発表されるでしょう。

ヴォストーク湖の上を氷床が覆ったのは、約3000万〜1500万年前と考えられています。つまり、最大で3000万年間も地表と隔離《かくり》された環境ということです。ここで映画だと、ヴォストーク湖の太古の湖水から未知の病原菌が発生して科学者がバタバタ倒《たお》れていき、世界中に伝染病が広がる……という話になりますが、おそらくそれはない。これまで深海でも地底でも恐《おそ》ろしい病原菌が出てきたことはないですからね。ですが、これほど長い期間地表と隔離されてきたのだから、独自の進化を遂《と》げた生物がいても不思議ではありません。むしろ、気をつけるべきは我々の側で、地上にある雑菌あるいは人間の皮脂にいる常在菌などを氷の下に持ち込んでしまう方が怖《こわ》いのです。

長く閉ざされた氷の下、水中はどうなっているのでしょう。現在では、「水中の酸素はなくなっている」という説と、逆に「酸素濃度が高くなっている」という説がありま す。後者なら、大型の生物がいるかも、という期待がもてます。南極の氷河は降り積もった雪が圧縮されたものです。雪には空気が含まれていますから、南極の氷床には圧縮された空気が入っているのです。それが積もり積もって、湖水と接する面で氷床から湖水の中に酸素を含んだ空気が放出された可能性があるとすると、ヴォストーク湖の水に豊富な酸素が含まれている……。そう考えると、過去3000万年間隔離された貴重な生態系に、人間がアプローチできたわけですから、これは楽しみですね。

今、僕が注目しているのはアメリカ隊が掘り進めているウィランズ湖です。かつてロシア隊が掘削する際に掘削液を使用したのですが、それだと人為的《じんいてき》な異物が混入することで湖の環境が変わり汚染《おせん》されてしまうのではないかという指摘があります。もちろん、ロシア隊も汚染に注意して作業はしていたのですが……。ウィランズ湖は、汚染に気をつけてやっているようで、フィルターと殺菌《さっきん》用UVシステムが取りつけられた熱水ドリルで穴を開けています。また、仮に汚染があったとしても、汚染物がちゃんと見分けられるようにもしています。400ある氷床下湖が一つ一つ調査されると、おもしろいデータが上がってくるでしょう。すでに採取されたサンプルからでさえ「新規で多様な微生物の存在」が示唆されているのですから。

新しい生態系という可能性

かつては、海底火山が一つ発見されると必ずそこには新種がワサワサいると思われていましたし、現在でもそうです。海底火山は個々に離れているから、海底火山の数だけ個別の生態系があるともいえます。まるでチャールズ・ダーウィンが進化論のヒントを得たガラパゴス諸島のように。

海底火山の研究でわかったのが、そこにある化学物質のエネルギーだけで生態系が存続できる、ということです。太陽の光は必ずしも必要ではありません。そういう生物が氷床下湖にもいるのだろう、と思っていたところ、ウィランズ湖などの調査結果から微生物についてはそれが支持されました。海底火山と違い、氷床下湖には大きい生き物はまだ発見されていませんが、調査はまだ始まったばかりです。

南極は、昔から氷の大地だったのでしょうか。答えはノーです。大昔、南極大陸は氷に覆われていませんでした。普通の大陸と同じように原野や森林があり、そこに湖もありました。約３０００万年前に南極が急に冷えて内陸部から氷（氷河）が広がり始めたと考えられています。その氷河がヴォストーク湖周辺に到達したのは遅くとも1500万年前だといわれています。大地や湖を氷が覆った後も、すぐに生物は消滅《しょうめつ》しなかったでしょう。外界から切り離された「氷床下」の暗黒世界では、それなりの物質循環《じゅんかん》や生態系が新たに変容しながら維持《いじ》されたかもしれません。

〝我々の世界〟は地球の表面で全部がつながっているけれど、南極大陸を覆う分厚《ぶ》い氷床の下には〝隔離された世界（氷床下湖）〟が400個もあります。ダーウィンはガラパゴス諸島の7つの島（正確には123の島と岩礁《がんしょう》）で、あれほどすごい進化論を考え出しました。そのガラパゴス諸島に匹敵《ひってき》するものが南極には400もある。だけど、問題は今この瞬間に「ダーウィンがいない」ということです。ダーウィンはやはり希有《けう》な存在です。僕たち科学者はダーウィンの後追い、まねをするだけなんです。でも、ダーウィンのまねをしただけでも、400の氷床下湖を調べればすごいことにはなると思います。いや、すべてを調べなくてもいい。いくつかの湖を調べたら、「進化論」ほど革命的な発想には至らないかもしれないけど、良い発見はできると思います。

南極の氷床の一番下の氷はもともと今から80万年前に降った雪です。毎年毎年降った雪が地層のように重なっているような状態。だから、氷床をくり抜《ぬ》くということは、80

万年間の雪の歴史を全部記録できるということです。雪は7割くらいが氷で、3割が空気ですから、氷の中には圧縮された空気も入っている。その空気を回収することによって、その時代のガス成分、二酸化炭素などの量がわかります。ちょっと賢《かしこ》い方法を使うと、そのときの気温も推定可能です。そうすると二酸化炭素の変動と気温の変動の関係がわかります。確かにこの40～50年間、気温と二酸化炭素排出量は並行して上がっています。南極の氷床から過去を再現できるようになる前は、地球温暖化は人為的なのか自然現象なのかは定かではありませんでした。でも、南極の氷を調べることによって、やっとこれが人為的だと明らかになりました。もちろん、自然現象でも気温は変動しますが、ここ最近の40～50年はその傾《かたむ》きが急なのです。これは過去の気温変動と比べると、異常なほどの急変なのです。

今後は氷床掘削により過去の地球環境変動を再現するだけでなく、たくさんある氷床下湖の生物調査により、たくさんの生物進化のパターンを再現できるかもしれません。南極のデータを元にした地球環境と生物進化の再現、そして、将来予測。これは、人間の文明にも関わってくる非常に重要なポイントです。南極の調査は、今もって進行中です。今後、常識を覆すような大発見やまったく新しい考え方が続出してくるはずです。

生物学の巨人たち｜3

歴史の偶発《ぐうはつ》性を重視し、生命の素晴らしさを謳《うた》い上げた進化生物学者

スティーヴン・ジェイ・グールド［1941〜2002年］

Stephen Jay Gould

ハーバード大学教授、進化論学者・古生物学者。少年時代、地元の自然史博物館でティラノサウルスの化石を目にして古生物学者になることを決意したという。グールドは連続性を強調したダーウィンの進化論を批判し、それに代わる新たな理論として『断続平衡《へいこう》説』（1972年、ナイルズ・エルドリッジと共著）を発表した。断続平衡説とは、進化は化石資料や地質などのデータからみて、ダーウィンの考えるように均一な速度で進むのではなく、隕石衝突《いんせきしようとつ》などの環境《かんきよう》変異に際して比較《ひかく》的短期間（地質学的な尺度なので、数百万年を要する）に爆発的な種分化が起こり、それ以外の長い期間は種は平衡状態にあるという説。

グールドや支持者たちはドーキンスらが考える「自然選択《せんたく》理論」（自然淘汰《とうた》による順を追った進化）を主張するネオ・ダーウィニズムとはしばしば対立し、それぞれの支持者たちは舌戦を繰《く》り広げた。グールドは古生物学者としての視点から、隕石衝突などによる地球に起きた大量絶滅《ぜつめつ》に進化の可能性を見い出した。隕石衝突で恐竜《きようりゆう》は滅《ほろ》びたが、もし隕石の軌道《きどう》がずれていたなら、恐竜の絶滅は回避《かいひ》され、ほ乳類の大繁栄《はんえい》は起こらなかったかもしれない。とすれば、人類の誕生もなかっただろう。このような無数の偶然《ぐうぜん》の積み重ねが生物の進化や絶滅に作用し、その繰り返しの歴史の結果として現在の多様性に富んだ生態系があると、グールドは主張する。メディアはグールドとドーキンスという奇《く》しくも同じ年に生まれた2人の生物学者を対立軸《じく》で取り上げたが、彼ら自身は互《たが》いに尊敬の念を抱《いだ》きつつ交流を続けた盟友であった。しかし、グールドは癌《がん》に冒《おか》され、惜《お》しまれつつ2002年5月20日に他界した。

第4章

世界でもっとも
小さな生命
——砂漠編

WORLDLY WISDOM
FOR 14 YEARS OLD

そこは一面、黄金色の世界

深海、南極、北極と巡《めぐ》ってきました。この章で扱《あつか》う砂漠《さばく》は、みなさんにとって一番訪れやすい辺境かもしれません。

たとえば、日本を出発してフランス経由でモロッコ最大の都市、カサブランカに飛びます。そして列車でマラケシュという町に行く。そこから世界最大の砂漠、サハラ砂漠へのツアーに参加することができます。あるいは、モンゴルの首都ウランバートルから南部の都市ダランザドガドに向かえば、ゴビ砂漠はあっという間です。どちらも、2日あれば到着《とうちゃく》できるはず。

僕はこれまでに幾度《いくど》か、砂漠で微生物を採取する調査を行いました。

砂漠というと、砂とラクダのイメージで荒涼《こうりょう》たる風景が続き、なにもない場所を想像するかもしれません。たしかに、砂しかない場所もあります。生物がいそうな場所は少ない。しかし、一見なにもない所にこそ、僕には微生物《びせいぶつ》を見つける楽しみがあるのです。

砂漠の昼間は暑い。気温は40℃を超《こ》え、強い日差しを遮《さえぎ》るものはありません。外出したいと思うのは日没後《にちぼつ》あるいは日の出前のそれぞれ数時間だけです。日中の砂漠にはあまり色がありませんが、日が沈んで赤みがかった黄色いサハラ砂漠に満月の光がさすと、地面も空も黄金色に染まる。その中をラクダに乗って進んでいく。そんな瞬間を目の当《ま》たりにして、こんなに美しい風景があるのかと思うと、なにも言葉が出なくなります。何千、いや何万年もの間、この光景は繰《く》り返されてきたのです。

砂漠でも夜は涼《すず》しい。いや、寒いくらいです。昼間は40℃まであった気温が明け方には０℃まで下がるのです。すると空気中の水分が霧《きり》になり、満月が地平線に沈むときに虹《にじ》が出る。月の虹、「月虹《げっこう》」ムーンボウです。あの光景は、一生忘れることのない美しくも神秘的な風景でした。遠くて近い、関係ないようで実は関係の深い砂漠。その砂漠を調査してみたいなと思ったきっかけは、一匹《いっぴき》のナメクジでした。

砂漠へ微生物を探しに行く

南極から日本に戻《もど》り、ふたたび日々の生活に忙殺《ぼうさつ》されていたある日。雨上がりに出てきたのであろう一匹のナメクジが、コンクリートの壁《かべ》をはっているのが目に留まりました。ナメクジは体の約9割が水分です。人間や動物のような皮膚《ひふ》や毛はなく、体表に粘《ねん》液《えき》を出して乾燥《かんそう》から身を守っています。そのナメクジに塩をかけるとナメクジと塩の間で水分の引っ張り合いをして結局、ナメクジの体から水分が奪われ、ナメクジの体は縮みますよね。つまり、「乾燥」と「塩」は表裏一体です。

「乾燥」と聞いて思い出すのが、砂漠。

「暑い砂漠にも、〝水をめぐる塩とのつな引き〟に負けない微生物がいるのだろうか」

と考えるようになりました。深海や南極、北極といった極限環境《かんきょう》にいるコスモポリタンであれば、炎暑《えんしょ》の砂漠にいてもおかしくはありません。それからは僕の頭の中は砂漠でいっぱいになって、折に触《ふ》れて周囲に「砂漠に行きたいなあ」と口にするようになりました。

そうしているうち、チャンスが訪れました。僕の母校、筑波《つくば》大学が北アフリカ研究センターを新設したのです。センターは、地中海からサハラ砂漠にいたるエジプト、リビア、チュニジア、アルジェリア、モロッコ、モーリタニアの国々が持つユニークで多様な可能性を、連携《れんけい》して研究することを目的としています。

「長沼君、シンポジウムがあるから、チュニジアに来ない？」

と、関係者の一人が声をかけてくれました。チュニジアは、サハラ砂漠の東端にあります。そして、シンポジウムの後のエクスカーション（遠足、小旅行）でサハラ砂漠に行くといいます。ナメクジを見て以来、砂漠のことを考えていた僕にとってはまさに渡《わた》りに船、僕は北アフリカ研究センターの人たちとサハラ砂漠に行くことになりました。

僕の砂漠の印象は月並みで「砂一面、なにもない所だな」というものでした。南極や海と同じように、３６０度見回しても、なにもない所に身を置くときの感覚です。もちろん、砂漠のどこかにはフェネックキツネ、蛇《へび》やトカゲの仲間などの生物はいます。だけど、見渡す限りなにもなくて、単純に生き物感がまるでない。大自然の中にポツネンと立ったとき、「人間のいない場所って、こんなに広いんだ」って改めて感じたのです。僕は気持ちの上ではいつも広い視野を持っていたいと思っていますが、知らず知らずのうちに世界を都合良く「切り取って」います。特別変わったことに出会っても、それは僕が見たり聞いたり知っていることの中での〝特別〟なのであって、世界の中で超スゴイとは限らない、むしろ、それすら世界の一部でしかないのです。地球全体を俯瞰《ふかん》してみると、人間がいない場所のほうが遥《はる》かに多い。そんなことは頭ではわかっているけれども、実際に足を運び、その景色を目の前にすると、「ああ、本当にそうなんだな」と強く感じました。知れば知るほど、知らないことの大きさが身にしみるものです。

　砂漠のあるチュニジアにも、四季はめぐります。冬や春先はぐっと冷え込み、平均気温は首都のチュニスで10℃前後。その一方で、夏になると内陸部や砂漠地帯では40℃を超える暑さです。砂の表面は50℃ほどにもなって、とてもじゃないけど裸足《はだし》では歩けない。それでも湿度《しつど》は低く、空気はとても乾燥しているので、気温が高い割にはさほど苦しくはありません。もし、あの暑さで、湿気《しつけ》があったらこの世の地獄《じごく》でしょう……。

　そんな砂漠の街で、ひとりでぶらぶらしていたときに、僕はある絨毯《じゆうたん》屋の店主と出会いました。扱う絨毯は良い品物で目は細かく、デザインも洗練されています。1枚20万円ほどもする高級品でしたが、品物を見れば適正な価格だと思いました。近くに遺跡《いせき》があるため、店には大勢の観光客が訪れます。観光客は絨毯を値切ろうとしますが、店主は相手にしない。彼《かれ》らはバスが休憩《きゆうけい》停車している10分程度だけ店に寄って去って行きました。そのやり取りをなんとなく見ていた僕に店主が「今から、絨毯の話をするから聞いてくれ」と、僕にチャイ（お茶）をすすめてくれました。「この絨毯は、何百キロと遠く離れた場所で織られたもので、織った人間はもう何年も前に死んで、この世からい

サハラ砂漠にいるのはヒトコブラクダ。座るのに苦労し、気を抜くとずり落ちる。普段は時速４㎞程度、走ると時速14㎞のスピードも出る。

なくなってしまった。それで、いろんな人の手を渡ってここにあって……」と、自分自身の生い立ちまで語り始めました。チャイは甘《あま》ったるく、店主の話は長かった。店主は絨毯を売るよりも、絨毯にまつわる話を誰《だれ》かと共有したいのではないかと思いました。観光客たちは10分で去っていきます。彼が値切りには応じなかったのは、「時間をかけないなら、せめてお金をかけろ」ということだったのかもしれません。僕らの社会ではよく「タイム・イズ・マネー」と言います。でも、本当は、そもそも時間とお金は「交換《こうかん》」できるようなものじゃない。なぜなら、時間というものは「物語」を持っているから。長い時間が紡《つむ》ぎ出す「物語」を共有することに意味があるんじゃないか。この本のテーマである生物や生命の話からは逸《そ》れますが、僕は砂漠で出会った商人から、そういうことを学んだような気がします。

2億5000万年眠《ねむ》り続けた微生物・バチルス

砂漠にいる間は、郷に入ったら郷に従えで、現地の人と同じような格好をしていました。白い布で顔を覆い、白くて風通しのよいダボダボの衣をまとうのです。いくら日差しがきつくても、白いものをまとっていれば、内側はそんなに暑くありません。その地で長い年月をかけて愛用されているのだから、過ごしやすいに決まっているのです。ただ、細かな砂が舞《ま》っているのでカメラやパソコンなどの機材の内部に砂が入り込みやしないか心配でした。

サハラ砂漠最大の塩湖であるジェリド湖の面積はなんと7000㎢。岡山県や高知県よりちょっと小さいくらいの面積です。それほど広い土地が見渡すかぎり一面真っ白で

サンプルを採取。サハラ砂漠の砂は黄色っぽい。

平らなのです。お日さまの照り返しもものすごい。このジェリド塩湖での岩塩を採取しました。

サンプルを日本に持ち帰って調べた結果、予想通り、大西洋や南極にいたハロモナスと同じ遺伝子を持つ微生物を発見することができました。しかしここでの収穫《しゅうかく》は、それに留《とど》まりません。塩酸をかけても、アルカリをかけても、アルコールにつけても、紫外線《しがいせん》を大量に浴びせても死なない〝すごい微生物〟を砂漠で見つけたのです。その16ＳｒＲＮＡ遺伝子（微生物の分類によく使われる遺伝子）についてデータベースで近いものを調べると、99・61％も一致《いっち》するものが見つかりました。地理的に遠く離れた北アメリカの地下の岩塩から採取された「バチルス」でした（後にヴィルギバチルスと呼ばれるようになりました）。さらに驚《おどろ》いたことに、その岩塩は、なんと2億5000万年前（古生代ペルム紀）に固まった岩塩だったのです。2億5000万年前というと、恐竜《きょうりゅう》が出現するより前の時代です。

「ああ、あの菌《きん》か！」と僕は思い出しました。

アメリカ・ペンシルバニア州のウエストチェスター大学のグループが、ニューメキシコ州の地下約570mの岩塩層に放射性廃棄物搬入《はいきぶつはんにゅう》のために作られた地下埋蔵《まいぞう》処分場の地層から、塩の結晶《けっしょう》を採取していました。岩塩といえども小さな空間があって、その空間の中には、当時の水が入っています。歯医者さんで使うドリルで小さな穴を開け、中の水を吸って培養《ばいよう》液に入れたそうです。だけど、しばらくしてもなにも起きないから、もうダメだなと思ったら、半年経った頃《ころ》にようやく培養液が濁《にご》ってきた。濁ったのは、2億5000万年の眠りから覚めた微生物が増殖したからです。ある意味「永眠《えいみん》」ともいえる休眠状態からバチルスを蘇生《そせい》させたというニュースは、2000年10月、科学雑誌『ネイチャー』で発表されるや一大センセーションを巻き起こしました。

大昔に閉じ込められた生物の復活というと、スティーブン・スピルバーグ監督《かんとく》の映画

『ジュラシック・パーク』で、恐竜の血を吸った後に琥珀《こはく》に閉じ込められた蚊《か》から恐竜のDNAを復元する話を思い出す人も多いでしょう。岩塩の次に長期間、微生物を保存できるのが琥珀です。琥珀の中に虫が入っているのを見たことがあるかもしれません。小説や映画ならともかく、現在の技術では恐竜を復活させることまでは不可能ですが、

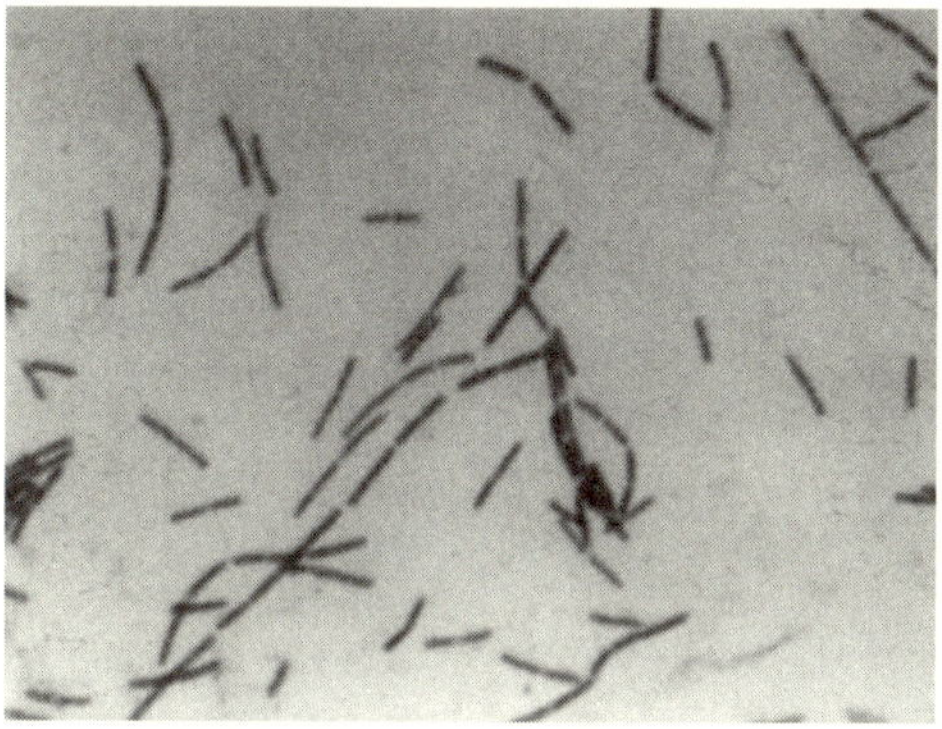
サハラ菌。岩塩菌とほぼ兄弟と言えるほど近い種類。

これまで発見されたなかで、もっとも古い琥珀は1億年も昔のものです。シベリアの永久凍土《とうど》にはおよそ600万年前の微生物が閉じ込められているでしょう。南極の氷は数十万年前の雪が押《お》し固まったものです。このように虫や微生物を長期にわたって閉じ込める「タイムカプセル」のようなサンプルがいろいろあるのです。

それにしてもなぜ、バチルスは2億5000万年間も眠ることができたのでしょうか。バチルスには細胞《さいぼう》の中に胞子《ほうし》を作るという特徴《とくちょう》があります。胞子の内部では、特殊《とくしゅ》なタンパク質がDNAを取り巻い

ています。このタンパク質には、水分を抜《ぬ》くとまるでガラスのような状態になる性質があるのです。通常、我々人間が放射性廃棄物を閉じ込めるとき、放射性物質が外へ出て拡散することをシャットアウトするためにガラスを用います。ガラスは水に溶《と》けにくく、熱に対しても安定しているため、放射性物質をしっかり閉じ込めることができるからです。同じようにバチルスのＤＮＡも、このガラス状のタンパク質が保護してくれるため損傷しにくいのです。しかもその胞子がいったん作られると、紫外線や放射線、高温・低温、塩分・乾燥など、他のさまざまな極限条件にでも耐《た》えられるようになるのです。

補足しておくと、この「蘇《よみがえ》ったバチルス」は、コンタミ（contamination）の疑いもあることを考慮《こうりょ》しなければなりません。コンタミとは「雑菌汚染《ざっきんおせん》」という意味で、微生物研究には、常にこのコンタミの問題がつきまといます。前章でお話ししたロシアによるヴォストーク湖の調査でも世界中の科学者が気にしていたのはコンタミです。たとえば僕が「ハロモナスの仲間を南極、北極、サハラ砂漠の塩湖でも発見した」という論文を発表すると、「それはあなたが連れて行ったものなんじゃないの?」と疑問の目を向けられることもあるのです。科学者がねつ造するのではなくて、目に見えない微生物を研究者自らが知らぬ間に持ち込んでしまい、採取してしまう可能性もあるのです。ですから、現場はもちろんのこと、論文の中でもコンタミの可能性をできるだけ排除《はいじょ》しなければいけません。

さて、コンタミ問題はいったん置いておいて、遺伝子がほぼ一致する微生物を見つけたのだから、両方を比較《ひかく》する必要があります。僕は塩湖で発見したバチルスとアメリカの地下の岩塩から発見された微生物のゲノムを比べてみようと思っています。

２億５０００万年もの時間を経ると、普通《ふつう》なら進化するはずです。だけど、16ＳｒＲＮＡ遺伝子が99・61％も一致する、すなわち、この遺伝子がほとんど進化していないように見えるのはなぜなんだろう。もしかしたら、いったん進化（変化）したのだけど、その後突然変異をして戻ったのかもしれない……。考えうる限りの可能性を考えながら今、これらの微生物を乾燥させて強制的に寝《ね》かせています。

微生物の保存には、乾燥が一番いいんです。微生物の保存は、相反するように聞こえるかもしれませんが、基本的に食品保存との比較で考えればよくわかるでしょう。凍らせる、茹《ゆ》でる、干物、あるいは酢漬《すづ》け、塩漬け……つまり、これらはいずれも極限環境です。今までの僕（と他の研究者）の経験でわかってきたのは、乾燥に強い微生物は、熱であれ紫外線であれ他のストレスにも強い。ただ、逆は必ずしも真ならずで、熱に強いものが乾燥に強いかというと、そうでない場合もあります。特に機器を使わない乾燥をエアードライ（風乾《ふうかん》）と言いますが、特別な設備は必要なく、放置しておくだけです。他に一度凍《こお》らせてから真空引きする凍結乾燥（フリーズドライ）という方法もあります。凍らせて容れ物に入れ、空気を抜くと、液体を経ずに氷が直接水蒸気になって、つまり「昇華《しょうか》」して引かれる。それで容器に残ったものはパリパリの乾燥状態です。この状態を保てれば、ほぼ永久保存的です。

2億5000万年前の〝岩塩菌〟を復活させたアメリカ人の研究者たちは、彼らが引退するときに「俺《おれ》たちは引退するから、お前に任せた」って、彼らが持っていたサンプルをまるごと僕に託《たく》してくれました。なかなか、研究者間でサンプルなどをごそっとくれることはないいんだけど。

「新種の発見」よりもすごい発見!!

これまでお話ししてきたように、僕は「人間が初めて目にする生物」の発見も然《さ》ることなから、海底火山や南極、砂漠など過酷《かこく》な場所に普遍的《ふへんてき》にいるハロモナスのような生物に興味を持っています。でも講演会などで話をすると、「新発見をしたことはありますか？」と訊《たず》ねられることがよくあります。辺境を調査する科学者だから、誰も見たことのない生き物を探し求めている、と思われているのかもしれません。いろいろ調査をしていますから、当然、新発見もいくつかあって、一つ、自慢《じまん》してもいいかなと思うような発見もあるんです。

２００９年、僕がチュニジアのサハラ砂漠東縁《とうえん》で微生物サンプルを探していたときのことです。細菌、ウイルス、菌類、アメーバといった原生動物など、いわゆる「微生物」はどれも目に見えない小さな生き物ですが、「小さい」とはいえ、一般的《いっぱんてき》に０・２㎛《マイクロメートル》（１万分の２㎜）より小さなサイズの微生物は存在しないと考えられています。ということは、直径０・２㎛の微細《びさい》な孔径《こうけい》のフィルターでろ過すれば、その中にいる全ての微生物を捕集《ほしゅう》できるはずです。このときも、砂れきの混濁液《こんだくえき》を、孔径０・２㎛の除菌《じょきん》フィルターでろ過し、その〝ろ液〟を用いて微生物の分離《ぶんり》を試みていました。すると除菌されたはずの〝ろ液〟から、細胞の直径が０・４〜０・８㎛、長さ10㎛以上にもなる大きな微生物が培養されたのです。それは培養を開始して数週間から数ヶ月も経った後でしたが、常識的には（コンタミの可能性以外に）ありえないことでした。慎重《しんちょう》に顕微鏡《けんびきょう》観察をしたところ、この微生物は（コンタミではなく）細胞の形と大きさがいろいろに変化してフィルターを通過したことが考えられました。あるいは、この微生物が自然環境中で存在するときにはフィルターを通過するくらい小さな細胞サイズである可能性もあります。

僕はこの〝小さくも大きくも〟なりながら〝ゆっくり増える〟微生物がおもしろそうだから、増やして調べることにしました。

第3章でもお話ししましたが、僕の自然観の根底には「自然界の大部分はゆっくりなんじゃないか？」という発想があるのです。ゆっくりこそ自然の本質だと。そのときも、僕たちの研究チームは、砂漠の「ゆっくり菌」を狙《ねら》っていました。普通、いわゆる〝微生物〟を培養すると、あっという間に増えていきます。多くの研究者は速く増える微生物を狙います。だって、研究のスピードが上がるし、論文を量産しやすいから。でも、僕たちはあえてそれは捨てる。どんどん捨てていって、数週間から数ヶ月経って、やっと目に見えて増えてくるような微生物を探しだしたのです。

しかし案の定《じょう》、全然増えない。

微生物の細胞の量がある程度貯まらないといろいろな分析《ぶんせき》ができないので、培養が大変でした。なんとかして必要量を集め、詳細《しょうさい》な分類学的解析《かいせき》を行いました。微生物の分類で主流になっている遺伝子の解析って、けっこう時間がかかります。解析結果をデータベースに照合して、16S rRNA遺伝子の一致度が90％を下回ると、学生たちと「これはキテるね」と大喜びしました。そして、遺伝子の解析結果に人為的《じんいてき》な間違《まちが》いがないか、ていねいに見直していく。間違いの可能性を排除《はいじょ》した上で、読み直したら、やっぱり何回読んでも、半端《はんぱ》なく新しい微生物の発見かもしれないと思えてきたのです。その頃になると「おお、これはすごいかもしれない」と、大興奮が湧《わ》きあがってきます。

結果は、新種の発見というレベルのものではありませんでした。それをはるかに通り越《こ》して、この細菌が「綱《こう》」レベルで、新しい生物分類群であることが明らかになりました。僕たちは「オリゴフレキシア綱（Oligoflexia）」と命名し、国際原核生物分類命名委員会へ報告すべく、国際細菌命名規約にしたがってイギリスの科学誌『International Journal of Systematic and Evolutionary Microbiology』において、正式に新学名（新綱名）として発表されました。

生物の分類階級は上位より界、門、綱、目、科、属、種などに分けられます。たとえば、僕たちヒトの分類は、動物界、脊索《せきさく》動物門（脊椎《せきつい》動物亜門《あもん》）、哺乳《ほにゅう》綱、サル目、ヒト科、ヒト属、ヒトです。つまり、「綱」の階級というのは哺乳綱というわけです。「オリゴフレキシア綱」は綱の上の「門」レベルではプロテオバクテリア門に属し、同じ門でも他の綱の多くの微生物とは近縁《きんえん》でないこともわかりました。

これまで、０・２㎛より小さな微生物は存在しないと考えられていたと言いました。この細菌の発見は、全ての微生物をろ過除去できたと思われていた過去のサンプルにも、僕たちの知らない新しい微生物が存在していたかもしれないことを示しています。微生物（特に細菌）は、北極から南極、あるいは、大気中から深海底に至るまで、地球上のあらゆる場所に生息しています。しかし、近年の遺伝子に基づいた解析により、一般に、環境中に生息する微生物の全個体数の99％以上は、まだ分離《ぶんり》培養されたことのない未知微生物であることが判明してきました。このため、未知微生物の分離とそれらを一つずつ純粋培養することは、膨大《ぼうだい》なる微生物多様性の解明につながる第一歩といえるでしょう。

この微生物は、系統学的に新しい細菌だとわかりました。と、たった1行で書けますが、これがわかるまでには4年ほどかかっています。「ゆっくり菌」と同じように、僕の研究もまたゆっくりです。僕の研究はすぐに成果が上がるものではないのですが、時間をかけたからといって必ず報われる営みでも決してないのです。

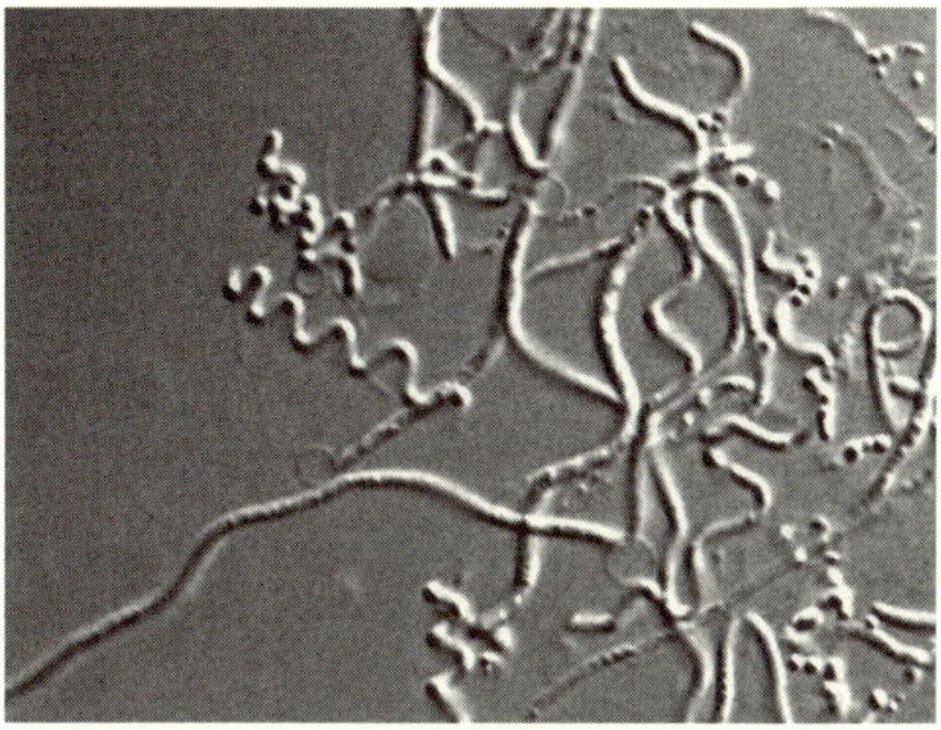

新種ならぬ新"綱"、オリゴフレキシア綱。21世紀になって新しい綱が発見されるのは非常に稀。

不死身の微生物は〝癒《いや》し系〟

微生物の中には「なんでそんなに強いの？」と首をひねる極限生物もいます。たとえばデイノコッカス・ラジオデュランスというバクテリアです。「デイノ」は恐怖《きょうふ》の、「コッカス」は球菌、「ラジオ」は放射線、「デュランス」は耐《た》えるですから、どんな微生物かは想像がつくかもしれません。

今から約60年も前の1956年のこと。アメリカのオレゴン農業試験場でアンダーソンという研究者らが、食品保存の研究をしていました。彼らは牛肉の缶詰《かんづめ》に放射線（ガンマ線）を照射して、滅菌《めっきん》効果を確かめる実験を行いました。肉が腐《くさ》る理由は微生物の繁殖《はんしょく》ですから、その微生物を殺してしまえばいいと考えたのです。このとき照射した放射線は、ほとんどの生物が死滅するほどのレベルでした。ところが、しばらくすると細菌が発生して腐敗《ふはい》ガスで膨《ふく》らんだ缶詰があったのです。原因を調べると、缶詰の中に放射線に耐えた微生物がいたことがわかりました。それが後にデイノコッカス・ラジオデュランスと名付けられた〝恐怖の球菌〟です。

人間は10グレイ*の放射線を浴びると死んでしまいますが、デイノコッカス・ラジオデュランスは5000グレイでも死ぬことはありません。放射線の種類がガンマ線だとグレイとシーベルトは同じになるので、5000グレイは5000シーベルト（50億マイクロシーベルト）。日本の法令で定められている、私たちが浴びてもよい放射線量は年間で50ミリシーベルト（5万マイクロシーベルト）ですから、その10万倍。彼らはゲノム（遺伝子の総体）のDNAが放射線で傷つけられても、4セットのゲノムを持っているため、遺伝子の修復が容易なのです（人間は、常染色体は2セット、性染色体は1セ

＊ **グレイ**｜放射線のエネルギーがどれだけ物質に吸収されたかを表す単位。

ットです)。この驚くべき修復能力を持つものを、僕は極限生物の「究極の癒し系」と呼んでいます。

極限生物として有名なクマムシは言うなれば過酷な環境に耐える「我慢系《がまん》」。僕はクマムシよりも遺伝子を修復できる「癒し系」のデイノコッカス・ラジオデュランスの方が強いと思っています。デイノコッカスは、１万５０００グレイの放射線の５０００倍を浴びても全滅はしません。１００匹いたら30匹、３分の１は生き残る。それは自らの遺伝子を修復できる「癒し系」の力なのです。

それにしても、デイノコッカスは明らかに地球生物なのになぜ、これほどの放射線に耐えられるのでしょう。こんな放射線環境は地球上にはありません。だから他の極限状況に適応したついでとしてたまたま、放射線にも強くなったと考えられています。他の極限状況とはたとえば「乾燥」です。生き物にとって、乾燥というのは最大の敵の一つ。乾燥すると細胞から水分が抜けてしまうのはもちろん、乾燥によって遺伝子が切れてしまうことがあるのです。極限的な乾燥状態に置かれて遺伝子が壊《こわ》れても、雨が降って水に触れたときなどに遺伝子を修復してしまう能力が、たまたま放射線という状況《じょうきょう》でも発揮されたのだろうと推測されます。

デイノコッカスはどこにでもいるバクテリアです。デイノコッカス・ラジオデュランスではないけれど、成層圏《せいそうけん》や南極点からも同じデイノコッカス属の菌が採れています。風に乗り空中を飛ぶときに、成層圏や南極点は非常に低温で、乾燥しているし、紫外線も当たる。いろんな形で遺伝子（ＤＮＡ）が壊れるのだけれども、それをせっせと修復しているんです。人間とは比較にならないほど、遺伝子の修復力の強い生物がこの世にいるのです。

生命現象を化学で考える

生命の起源などを調査・研究していると、化学の知識は必要です。ですが、僕のいる生物学の世界で、皆が化学の知識を持っているかというとそうでもない。もちろん、基《き》礎《そ》的《てき》なことは必要だけど、たとえばトンボや鳥の専門家はさほど化学を知らなくても研究はできる。環境問題に取り組む研究者も、基礎的な化学とそのときのホットなキーワードさえ押《お》さえていればいいという人もいるでしょう。ダイオキシンがなんで悪いかは別にして、「この場にダイオキシンがあってはいけない」という大雑把《おおざっぱ》なことがわかっていればいいという人も。

僕自身、はっきり言って、昆虫《こんちゅう》マニアや貝コレクターに比べると生き物ファンではありません。だけど、抽象的《ちゅうしょうてき》な生命現象は大好きです。ここに興味を抱《いだ》く人にとっては、生命現象を理解する上で、化学の知識は欠かせません。化学とは現象であり、反応なんですね。生命現象は物質とエネルギーの間で起きていることなので、そこで起こる生化学反応という現象を理解し、紐《ひも》解くためには化学の助けがいる。もし、生命の謎《なぞ》を研究したいという読者の方がいたらぜひ、化学は興味を持って取り組んでほしい。かならず、役に立ちますから。

僕は「生命現象は物質とエネルギーの間で起きている」と言いました。たとえば、「人間とはなにか」は化学の言葉を使っても説明ができます。人間はだいたい70％ほどが水。水じゃない部分の半分が炭素。残りは酸素、水素、チッ素、カルシウム、リン、カリウムなどです。その人間が、体をつくる材料（物質源）として、そして、エネルギー源として食物を摂《と》る。食物はエネルギーの塊《かたまり》です。パン、肉、魚などの食物の大もとは究極的には「植物」に行き着きます。牛は牧草を食べているし、魚も直接、あるいは食物連鎖《れんさ》を通して間接的に植物プランクトンを食べる。植物は全ての生態系の基底を作っているので、生態学者は植物のことを「基礎生産者」と呼んでいます。では、植物はなにを食べているかというと、植物はなにも食べませんよね。その代わり、太陽の光を浴びて、光合成を行い、自分でデンプンなどの栄養を作ることができる。ということは、デンプンとは太陽の光エネルギーがみっちり詰《つ》まった物質であり、そのデンプンを我々は食べて、光とは違った形でエネルギーを得ている。それがエネルギーの伝達です。我々人間は光合成をすることはできない。太陽光を直接的には摂《と》らないけれども、デンプンという形に保存された化学エネルギーを食べている。僕たちは息を吐き出し、おしっこをする。それによって、出てくるものは二酸化炭素と水です。植物は、二酸化炭素と水を吸収して、光合成によってデンプンを作る。これが生態系における「循環《じゅんかん》」の一つです。

生きている＝100ワット！

普通の日本人が一人あたり放出している熱量などのエネルギーを、電力でおなじみの「ワット」に換算《かんさん》すれば、100ワットです。大きなアメリカ人やお相撲《すもう》さんはその2

倍くらいかもしれないけれど、だいたいそんなもの。物を食べて消化して、最後は二酸化炭素と水になるのだけれども、その過程で出るエネルギーが100ワットなんです。もちろん、激しい運動をするときにはもっとたくさんのエネルギーが出るのですが、安静時にも途切《とぎ》れることなく、ずっと平均して100ワットを出しつづけています。小さい生き物だったら、100ワットもいらないから、たとえばネズミだったら、僕たちの100分の1以下でしょうね。そして、死ぬと100ワットが0になります。

食物としてエネルギーを摂ったり、生きるためにエネルギーを出したりすることを言い換《か》えると「代謝」という言葉になります。けれど、普段《ふだん》僕たちが「代謝」という言葉を使うときは、栄養学的にデンプンやタンパク質を摂り、それが僕たちの体になるという、体を作るほうのことを考えるでしょう。それも間違いではありませんが、実際のところは100ワットを出すための化学反応のこともひっくるめて代謝というのです。我々がデンプンを食べ、唾液《だえき》中のアミラーゼという消化酵素《こうそ》によってデンプンがブドウ糖になります。そのブドウ糖がいろいろな生化学反応の回路に入っていって、最後は二酸化炭素と水になる。

一方で、代謝からは生命活動のためのエネルギーを得ます。このことは水が溜《た》まったダムをイメージしてもらえればわかりやすいと思います。ダムに溜まった水が落ちる。水は落ちながらタービン（羽根車）を回して発電をしますよね。その後の水は川に流されます。デンプンというのは化学エネルギー的には高い位置にあります。〝高い位置〟にあるデンプンが〝低い位置〟にある二酸化炭素と水になることによって、生命活動のためのエネルギーを得ることができるのです。僕たち人間が二酸化炭素や水を吸っても、〝低い位置〟なので代謝的にはなにも起きません。ですが、植物はその〝低い位置〟の二酸化炭素や水を原料として、太陽エネルギーを取り込むことで〝高い位置〟のデンプンにする。すごい仕組みですよね。

大切なことなので少し脱線《だっせん》しましょう。もし人間が普通の動物だったら100ワットを使って、もっぱらエサと繁殖《はんしょく》のパートナーを探すのがメインになるでしょう。基本的に、生命を維持《いじ》する以外のことはしません。一方で人間は文明というものがあるから、エサは簡単に手に入ります。我々人間は1万年前に農業を発明しました。「農業革命」によって狩猟《しゅりょう》採集するよりも、みんなで集まり、分業したほうが、より多くの食べ物が得られる方向に舵《かじ》を切ったのです。それで、みんなが集まってムラを作りました。ムラを作ると、関心事はムラの中の人間関係に向けられます。その時から人間は「いかにして人間関係をハンドリングするのか」ということに、知恵《ちえ》を使い始めたのです。それまでは自然に対峙《たいじ》していれば良かったのですが「対人関係」という問題がそれまで以上に強く現れてきたのです。でも、それ以前からもともと人間のゲノム（遺伝子の総体）には、協調性という集団生活に向いている部分がありました。人間はそれをうまく選択《せんたく》し、より良く協調できる人たちがより良く生き残ってきたのです。そして「自然に対峙」から「人間関係のハンドリング」に関心事が移ってから、「協調性」の部分がさらに選択され、磨《みが》きをかけられてきたのです。このあたりの「人間の特徴」については、また後の章にお話ししましょう。

地球をぐるぐる回る微生物

砂漠での調査を終えて日本に戻ると、水資源の大切さをつくづく実感します。人は地球のことを「水の惑星《わくせい》」と言います。宇宙からの映像や写真には確かに青い地球が写っています。しかし、そうは言っても実はこの惑星全体で考えると水資源に乏《とぼ》しい。地球上の水の質量は、全質量の０・０２％しかありません。地球の水は地球の表面をうすく覆っているにすぎないのです。木星の衛星「エウロパ」は地球より小さいのですが、地球よりよっぽどたくさんの水を持っています。そんな地球にとってさらに悪いことに、ただでさえ少ない地球の水の、実に97％は海水で、真水は3％しかありません。その真水のうち、7割は南極とグリーンランドにある氷で、残りの3割は地下水。地表で川や湖になっているのは、ほんの少ししかないのです。その少ない水資源を70億以上の人間で分け合っているのです。

21世紀は水争いの時代と予言した人がいます。残念ながらその予言は当たるでしょう。水資源の問題はしばしば一国内だけにとどまらず、重要な国際問題になるので国際紛争、あるいは戦争が起こるかもしれません。インダス川の源流域ではカシミール地方の領土問題を巡ってインドとパキスタンが争っています。その原因の一つにインダス川源流域をどちらが押さえるかということがあります。また、東南アジアの生命線であるメコン川にも争いの火種はあります。もし中国がメコン川源流域にダムを造るなら、中流・下流域の国々はどう対処するでしょうか。

日本は水が豊富だから大丈夫《だいじょうぶ》だと思っていませんか。実はそんなことありません。たしかに日本は雨が多く、年間降水量は1700㎜ほど。広大な熱帯雨林を有するブラジルの１７８０㎜に匹敵《ひってき》します。世界平均の８８０㎜よりずっと多い。しかし、国土の狭い日本はせっかく降った雨をストックすることができません。日本の年間水資源は４２４０億トンなのに対し、広大な国土を有するブラジルは８兆２３３０億トン。桁違《けたちが》いなのです。将来的にみてこれまで同様、日本が雨に恵《めぐ》まれるかどうかは疑問です。日本の降水量はこの１００年ほとんど変わっていませんが、「降り方」は変わってきています。「降れば大雨」ということをみなさんも、身をもって体験しているのではないでしょうか。豪雨《ごうう》だと、せっかく降った雨水が、地中に浸《し》み込む前に、地表を流れて川から海へすぐに去ってしまいます。しとしとと降る雨なら、地中にゆっくり浸透《しんとう》するものを、豪雨では地表流ばかりで浸透流の割合が減ってしまいます。川の水の大部分は、本来は地表流の流入ではなく、浸透流が地下水となり、それがどこからともなく地表にしみ出してきたものです。その地下水が涸《か》れると川も涸れてしまいます。地下水を涵養《かんよう》するためには、落葉広葉樹など落ち葉と腐葉土で「保水力」のある林床を作る森を育んでいく必要があるでしょう。

とはいえ、それでも日本は水に恵まれているし、島国であるから、他国との水の奪《うば》い合いをあまり意識しません。ところが、その島国・日本でさえも、風による直接的なつながりを気にするようになりました。中国から飛来する「越境汚染《えっきょうおせん》」のためです。環境問題はその国の中だけで収まらず、しばしば国境を越えて広がります。その一例が「酸性雨」です。酸性雨には「自然起源」と「人為起源」があります。「自然起源」の酸性雨は、火山活動が原因です。火山ガスのイオウ成分や塩化水素が雨滴《うてき》に溶《と》けて、硫酸《りゅうさん》や塩酸になる。一方、「人為起源」の酸性雨は、石油や石炭などの排気ガスや煤煙《ばいえん》のせい。それらの煙《けむり》に含《ふく》まれるイオウ酸化物やチッ素酸化物が雨滴に溶けて、硫酸や硝酸《しょうさん》などの強酸になる。これはまた、スモッグなど大気汚染と裏腹の関係にあります。

煙突《えんとつ》から出る煙については、かつては、地元住民に迷惑をかけないように、煙突を高くして排煙《はいえん》を遠くまで拡散させればいいと、その場をしのぎましたが、そのせいで酸性雨の被害《ひがい》地域を拡大させることになりました。ヨーロッパのようにたくさんの国々が入り組んでいる地域では、風に乗った煙が国境を越えて運ばれ、発生源とは違う国で酸性雨として降ります。酸性雨が降って、イタリアの文化的遺産の大理石の石像や建物が溶け、ドイツの「黒い森」シュバルツバルトの樹々も枯《か》れたりして、大問題となりました。この酸性雨を作るイオウ酸化物やチッ素酸化物は、必ずしもイタリアやドイツの国内で発生したものではなく、周辺国で発生したものも含まれていました。「越境汚染」は容易に国境を越えてしまうのです。

ただ、イオウ酸化物やチッ素酸化物のすべてが酸性雨として地上に降るわけではありません。乾《かわ》いた空に拡散したイオウ酸化物やチッ素酸化物は、浮遊《ふゆう》する微粒子《びりゅうし》「エアロゾル」として空中に漂《ただよ》うこともあります。いま中国で問題になっている大気汚染の原因物質の大半は、まさにイオウ酸化物に由来する「硫酸塩《りゅうさんえん》エアロゾル」だそうです。

エアロゾルは、硫酸塩という成分もさることながら、大きさ（小ささ）で語られることが多いです。たとえば、今の中国の都市部を覆《おお》う濃霧《のうむ》について、「ＰＭ２・５」という種類のエアロゾルへの懸念《けねん》が増しています。ＰＭ２・５とは「粒径《りゅうけい》２・５㎛《マイクロメートル》以下の微小粒子状物質」を指します。花粉症《かふんしょう》の花粉がだいたい10〜１００㎛だから、花粉症マスクをしていてもＰＭ２・５のすべては防げません。花粉用マスクではまだ通過してしまうほど小さな粒子だからです。日本ではこれまで、10㎛以下の「浮遊粒子状物質」（ＳＰＭ）の排出《はいしゅつ》は、環境基準により規制されてきました。しかし、もっと小さいＰＭ２・５が規制対象になったのは、比較的《ひかくてき》最近の２００９年のことです。それにもかかわらず、いまの日本でも、場所によっては環境基準*以上のつまりＰＭ２・５による汚《お》染《せん》があるのが現状です。

＊　微小粒子状物質［PM2.5］の環境基準「1年平均値が15㎎／㎥以下かつ1日平均値35㎎／㎥以下」

中国の北京《ペキン》はPM2・5に覆われて昼でも暗く、車はヘッドライトを点《つ》けて走ることもあるそうです。そして、このPM2・5が、偏西風《へんせいふう》に乗って日本にも到達《とうたつ》するようになってきました。まさに越境《えっきょう》汚染です。実は、大陸からの越境汚染は、今に始まったことではありません。「日本の空にあるイオウ酸化物の約半分は大陸由来だ」ということは、ずいぶん前から言われていました。

中国では石炭を燃やすことが多いのです。たとえば、中国の発電の大半は火力発電で、そのほとんどが石炭火力です。石炭にはイオウ分が入っているので、その煙にはもちろんイオウ酸化物が入っています。普通なら、石炭火力発電所には「排煙脱硫《はいえんだつりゅう》」という技術が使われるのでイオウ酸化物があまり出ないはずですが、煙にイオウ酸化物が入っているということは、技術がまだ十分に普及《ふきゅう》していないのかもしれません。

サハラ砂漠から日本に帰ると、金沢大学の研究グループから「中国のゴビ砂漠で、黄砂について研究しないか?」と誘《さそ》われました。「黄砂」という言葉に聞き覚えがあるでしょう。西日本に住んでいるなら、迷惑《めいわく》している人もいるかもしれませんね。日本に飛んでくる黄砂の発生源はゴビ砂漠と言われていますが、それが正しいかを検証する研究です。ゴビ砂漠で微生物を採取し、さらに広島大学に降ってきた黄砂から微生物を取り出し比べました。16S rRNA遺伝子を比べると100％一致したので、広島に降ってきた黄砂は、紛《まぎ》れもなくゴビ砂漠付近で発生したことが確からしくなりました。黄砂は13日間で地球を一周します。ということは、黄砂に乗って微生物はぐるぐると地球の表面を回っているということです。地球ができてから何億年、何十億年もの間に、地球の表面を飛び交って、微生物はまぜこぜになってきたはずです。

日本に飛来する黄砂は、ご存じの通りたいてい迷惑がられます。景色はかすむし、洗《せん》濯物《たくもの》は汚《よご》れるし、せっかく洗車したばかりの車はドロドロになるし、人体への健康被害《ひがい》もあるといわれています。たとえば、黄砂に含まれる鉱物（結晶《けっしょう》）が、眼の角膜《かくまく》や呼吸器系の粘膜《ねんまく》を傷つけてしまう。それどころか、黄砂にくっついて、汚染物質が飛来してくるという。さらに、動植物や人間の病原菌・ウイルスまで飛んでくる。

しかし、悪いことばかりではありません。禍福《かふく》はあざなえる縄《なわ》のごとし、と言うけれど、エアロゾルにもそれが当てはまります。黄砂は文字通り「黄色い砂」です。なぜ黄色かというと、それは全体的に白っぽいシリカ（ケイ酸塩）の成分に加えて、赤っぽい鉄分が少し混じっているからです。これは火星が赤く見えるのと同じ原理ですね。正直言って、陸地に住んでいる僕たちには、黄砂に鉄分があろうがなかろうが、迷惑物質であることに変わりはない。ところが、海の生態系にとって、特に、その基礎生産者である植物プランクトンにとって、黄砂は良い栄養、いや正確に言うと、良い〝サプリメント〟なのです。

深海でない、日光が届く浅い海にとって、鉄の供給源は、もっぱら陸地（鉄分に富んだ山）です。陸から海への供給路は、川か風しかありません。川が運ぶ鉄混じりの土砂は、沿岸の生態系にすばらしい恩恵《おんけい》をもたらします。しかし、沿岸から遠い外洋域には、風が運んでくる砂塵《さじん》だけが頼りです。もし、鉄不足の海に黄砂が降下したら、それは植物プランクトンを活性化するでしょう。いったん植物プランクトンの増殖《ぞうしょく》が活性化したら、それは動物プランクトンや稚魚《ちぎょ》のエサとなり、さらにそれらも大きな魚に食べられる……いわゆる食物連鎖《れんさ》が活性化して、漁業に好影響《えいきょう》を及《およ》ぼします。

さらに、植物プランクトンは、光合成をとおして二酸化炭素を吸収します。二酸化炭素は、地球温暖化ガスなので、これが吸収されるのは温暖化抑制《よくせい》につながるのです。風が吹けば桶屋《おけや》が儲《もう》かるというけれど、黄砂が海に降下するのは、まわりまわって温暖化抑止《よくし》という点では朗報というわけです。

エアロゾルにはさらに別の観点からの温暖化抑止効果もあります。中国の北京は今、エアロゾルが太陽光を遮《さえぎ》って日中でも薄暗《うすぐら》い日がある。それは太陽光で地面が温まりにくいことを意味します。場所によっては、これが冷却化につながることもあるかもしれません。エアロゾルはいわゆる〝日傘《ひがさ》効果〟や〝薄暮《はくぼ》効果〟によって、地球温暖化に対し抑制的に作用すると考えられています。ただ、もし、火山噴火《ふんか》や隕石衝突《いんせきしょうとつ》などにより、それこそ超大量のエアロゾルが放出されたら、地球温暖化が抑制されるどころか、地球がどんどん寒くなる、いわゆる「地球寒冷化」が始まってしまうかもしれません。よく近未来ＳＦ映画などで、核戦争後の地球に大量の粉塵《ふんじん》が巻き上がって大気に滞留《たいりゅう》し、日傘効果で地球が寒くなるという「核《かく》の冬」が描《えが》かれます。あれと同じことで、火山噴火が原因なら「火山の冬」、隕石衝突が原因なら「隕石の冬」と呼ばれます。逆に、もし中国で仮に空をきれいにする運動が功を奏してエアロゾルが減ったとしたら、そのせいで、むしろ地球は温暖化するかもしれない。そんな笑えないブラックジョークが脳裏に浮《う》かんでしまう。

はるか遠いと思っていた砂漠も、実は僕たちの生活に深く関わっているのです。そして、その砂漠にいる微生物は世界を回り、地球表面のあちこちに飛散していく。大西洋の真ん中で見つけた微生物は、僕に南極、北極、砂漠と旅させました。では、次はどこか。

僕は、宇宙に行くことを考えるようになりました。これは、必ずしも突拍子《とっぴょうし》もない考えではありません。僕の誕生日は1961年4月12日。ロシア（当時のソビエト連邦《れんぽう》）のユーリイ・ガガーリンが世界初の有人宇宙飛行で地球一周に成功した日です。人間が初めて、外から地球を眺《なが》めた日なのです。

©NASA

生物学の巨人たち ｜ 4

人間の“知性”の進化に迫《せま》る、世界最高峰《ほう》の知性

ジャレド・ダイアモンド ［1937年〜］

Jared Mason Diamond

アメリカ・カリフォルニア大学ロサンゼルス校社会学部地理学科教授。生理学、進化生物学、生物地理学、鳥類生態学と幅《はば》広い視点から文明の勃興《ぼっこう》や人間の進化を研究している。1972年、鳥類学者として訪れたニューギニアで1人の男性から「あなたがた白人は我々に多くの文化を持ち込《こ》んだが、あなたがたに我々の文化はほとんどもたらされていない。それは、なぜだ？」と問われ、『銃《じゅう》・病原菌《きん》・鉄』（1997年）の着想を得た。

人間は欧州《おうしゅう》、アジア、南北アメリカなどで多様な世界を作り上げた。工業化社会もあれば農耕生活を営む人たちもいる。ニューギニア奥地に住む人たちのように数千年にわたって狩猟《しゅりょう》採集生活を続ける人たちがいる。なぜ1万3000年続く人間社会はこれほどまでに異なった発展をたどったのか。民族による優劣《ゆうれつ》なのか。この壮大《そうだい》な謎を解き明かすため、ダイアモンドは科学的視点を用いて人間の歴史をたどった。そして「歴史は、民族によって異なる経路をたどったが、それは居住環境《かんきょう》の差違《さい》によるものであって、民族間の生物学的な差違によるものではない」という結論に至った。『銃・病原菌・鉄』は1998年度のピュリッツァー賞を受賞した。

ダイアモンドのユニークな点は、文系歴史家による人間史の掘《ほ》り起こしではなく、進化生物学、人類学、考古学、遺伝子学、分子生理学、生物地理学、環境地理学、言語学（ダイアモンドは7ヶ国語の言語を話す）といった学問と好奇心《こうきしん》の横断により、謎を解き明かすところだ。『文明崩壊《ほうかい》』（2006年）では、文明が滅《ほろ》びる理由は「環境破壊《はかい》」「気候の変動」「近隣《きんりん》の敵対集団」「近隣の友好集団からの支援《しえん》減少」「その社会の持つ問題対処能力」のどれか、もしくは複数が関係している、という結論にたどりつき、現代の不均衡《ふきんこう》な世界に警鐘《けいしょう》を鳴らしている。

第5章

生命の始まりを探して──宇宙編

WORLDLY WISDOM
FOR 14 YEARS OLD

宇宙人は、いるでしょうか。
みなさんはどう考えますか？

この問いを投げかけられると、多くの人は頭を悩《なや》ませます。でも、僕は明快な答えを持っています。

「僕《ぼく》は、宇宙人はいると考えています」

そう答えると、

「科学者なのに、宇宙人を信じているんですか？」

と、怪訝《けげん》な顔をされることがあります。その怪訝に対して、月並みに「地球に生命がいるのだから、ほかの星にいても当然」なんて、煙《けむ》に巻《ま》くようなことは言いません。

僕たちの生活に無くてはならない太陽。太陽のように、自分で光り輝《かがや》く天体を「恒《こう》星《せい》」と呼びます。宇宙にある恒星の多くは、「恒星系」を作るといわれています。これはその恒星の周りを回る惑星《わくせい》などを含《ふく》めた構造のことです。たとえば、我々の恒星系、つまり太陽系は、地球を含む8つの惑星とたくさんの衛星、彗星《すいせい》、小惑星などから成り立っています。宇宙には無数の恒星系があり、その中には地球と同じように〝生命が存在できる〟環境の惑星もあるのでは、と考えられているのです。太陽〝系〟の外の惑星なので、これを「系外惑星」と呼び、半世紀にわたりＮＡＳＡなどによって、系外惑星探しが行われてきました。実際に探査が始められたのは、意外と古くて１９４０年代のことです。

「太陽系の外にも、地球のような惑星があるかもしれない」
「我々のような知的生命体がいるかもしれない」

なんて、これまではＳＦの世界の話でした。太陽系外の惑星探しは、地球から遠く離《はな》れている上に、惑星は恒星と違《ちが》って自分では光らないので、その存在は文字通り闇《やみ》の中。その当時の観測技術では、なかなか明らかにできずにいたのです。

ところが１９９５年のこと。スイスの天文学者によって、地球から約50光年の距離《きょり》にあるペガスス座51番星の周りで、初めて系外惑星が発見されました。それから発見数は加速度的に増え、太陽を含めた平凡《へいぼん》な恒星の半分以上に地球型惑星が回っていることがだんだんわかってきました。

現在、我々の「天の川銀河」内にある恒星約２０００億個のうち、１０００億個以上に、地球と同じように生命が存在できる「ハビタブル惑星（habitable＝生存可能な）」があると考えられています。

とはいえ、地球の成り立ち、環境《かんきょう》、人間に至るまでの長い道のりを考えれば考えるほど、我々が今この地球に存在することは、極めて奇跡《きせき》的な出来事であるようにも思えます。どこかの恒星系の惑星でも生命が生まれたとして、我々のように進化するとは限りません。それに、系外惑星を調べていくと、いわゆる「異形《いぎょう》の惑星」がたくさん発見されています。中心星の近くを周回する灼熱《しゃくねつ》のホットジュピター、細長い楕円《だえん》軌道で中心星からの距離が10倍も変わるエキセントリックプラネットや、地球の数倍程度の大きさのスーパーアースなどです。系外惑星を発見する前までは、科学者は誰《だれ》一人としてこのような宇宙の姿を想像していませんでした。というのも、たとえば「宇宙人」といえば手足があって目と鼻と口がある、人間の容姿に近い姿をイメージすると思います。それと同じように、系外惑星も太陽系内の惑星と同じような姿、同じような動きをしていると思い込《こ》んでいたのです。人間は、すでにあるものや経験からしか想像を膨《ふく》らませられない生き物ですから、当然といえば当然です。

地球が宇宙の中心であり、地球の周りを星々が回っているという天動説を信じきっていた人々もまた、僕たちが立つこの大地が球体で、しかも動いているとはまさか思ってはいませんでした。地球と他の星を比較《ひかく》して考える知識も技術もなかったからです。16世紀に入り、ニコラウス・コペルニクスやガリレオ・ガリレイ、ティコ・ブラーエらが、太陽系内の惑星や衛星を観察して地動説を提唱し、アイザック・ニュートンが地動説を説明する数式を考え、その後も多くの物理学者や天文学者たちが、その正当性を証明していきました。科学は常に現在進行形です。我々の科学技術もまだ十分ではなく、他に思いもよらない発見があるはずです。

宇宙では、まだ実際に生命は見つかっていません。我々生物学者は、今のところ「地球生物」というたった一個のサンプルしか知りません。それゆえ「生命」について考えるときも、僕たちはあくまでも自分たちが知っている唯一《ゆいいつ》の生命体、つまり地球生物に共通する特徴《とくちょう》をもとにして考えてしまいがちです。しかし、一つしか知らなければ比較もできないので、〝王道のサイエンス〟とはいえないでしょう。「生命とはなにか」という大きな問いを抱《いだ》いて宇宙を目指す僕たちは、「生命」の〝第2のサンプル〟、そして、第3、第4のサンプルを発見することに価値があるのです。

この章では、これまで見てきた深海や砂漠《さばく》、南極、北極とは少し趣向《しゅこう》を変えて、

・今、宇宙における生命探査はどこまできているのか

・宇宙には、どんな生命が存在しうるのか

この二つをテーマに、最新の知見を紹介《しょうかい》しながら、「地球外生命の起源」について考えていきたいと思います。

どんな時代にも、科学の最先端《さいせんたん》には「まさか」「ありえない」という、夢物語みたいな話がたくさん転がっています。約400年前に天動説が地動説に覆《くつがえ》され「コペルニクス的転回」が起こったときと同じです。「ありえない」を追いかけ、覆してきたのが科学の歴史であり、想像力の幅《はば》を広げ、仮説を立て、しつこく考えていくことは科学のどの分野でも、極めて大切なことです。「宇宙人なんていないよ」と思考停止するのは、「地球が太陽の周りを回っているはずがない」と断じたようなもの。まずは「僕と宇宙との関わり」を皮切りに、いま宇宙についてわかっていることを一緒《いっしょ》に見ていきましょう。

僕は宇宙に行くものだと思っていた

コンビニエンスストアに行くと、週刊誌やスポーツ誌に混じって『宇宙の誕生と終《しゅう》焉《えん》』や『ここまでわかった！　図解・ダークマター』というような宇宙論を特集した本や雑誌が売られています。僕にも「コンビニ本」が一冊ありましたが、あまり売れませんでした。講演会で宇宙の話をすると、誰もが目を輝かせます。老若男女《ろうにゃくなんにょ》、幅広い層の人たちが宇宙に興味を持っているのです。講演後の質疑応答でも「なんでそんなこと知ってるの？」という最新情報に基づいた質問をぶつけてくる人も珍《めずら》しくありません。僕もそんな彼《かれ》らに負けず劣《おと》らず、子どもの頃《ころ》から宇宙が大好きでした。

前章の最後にお話ししたように、僕の誕生日は「世界宇宙飛行の日」。ユーリイ・ガガーリンが

世界初の有人宇宙飛行としてボストーク１号に単身搭乗したユーリイ・ガガーリン。地球の大気圏外を108分で１周した。©NASA

人類で初めて宇宙飛行した日です。しかも、僕が二十歳《はたち》になった日の1981年4月12日は、NASAのスペースシャトルの初フライトの日でした。もう、運命が全力で僕に宇宙に行けといっているようなものですよね。僕は物心ついた頃から「僕は宇宙に行くものだ」と思っていました。

幼少期の憧《あこが》れが、さらに強い興味へと変わっていった〝きっかけ〟は、高校3年のとき。NASAが打ち上げた無人宇宙探査機ボイジャー1号が、1979年に木星の第1衛星イオで火山活動を発見したことです。画像データを整理していた女性が、火山噴火《ふんか》が偶然《ぐうぜん》写り込んだ画像データをこれまた偶然〝発見〟したと聞いています。イオはかのガリレオ・ガリレイが1610年に自作の望遠鏡で発見した「ガリレオ衛星」と呼ばれる四つの衛星の一つです。衛星の中で最も内側を公転していて、サイズは地球の月と同じくらい。イオで火山活動が見つかったということは、第2衛星エウロパや第3衛星ガニメデにも火山があるかもしれない……。もちろん、当時の僕は高校生ですし、新聞や雑誌などでNASAの発表の報道や解説を読む程度です。だけど、子どもの頃から知りたくて仕方がなかった「生命の始まり」は、宇宙にもヒントがあるかもしれないと、強く惹《ひ》かれていったのです。

　イオでの火山発見の後、１９８９年に打ち上げられた木星探査機ガリレオは木星とその衛星の探査に挑《いど》み、さまざまなデータを収集しました。その結果、エウロパが氷の殻に覆《おお》われた衛星であることが確実になりました。鉄のコアと岩石マントルという地球と似た構造の外側に１００㎞ほどの分厚い水の層があり、その表面（約5～10㎞）は凍《こお》っています。地球もかつて、少なくとも3回は表面がすべて凍っていた時代がありました。いわゆる「雪玉地球」（スノーボール・アース）や「全球凍結《とうけつ》」といった出来事です。そう考えると、〝氷の衛星〟も、特に不思議なものではありません。エウロパでは部分的に一度融《と》けてまた凍ったような氷の地形が発見されているし、磁場の変動が観測されていることから、内部に塩分を含んだ液体、つまり「氷の下の海」（内部海）や、その内部海の水を作るために氷を融かしたはずの「海底火山」があると考えられています。となると、「氷の下の海」の中に生命の痕跡《こんせき》が見つかる可能性も出てきます。……このエウロパの環境、どこかに似ていますよね。そう、第3章でお話しした氷に閉じ込められた南極の湖です。ロシアはヴォストーク湖を掘《ほ》っていますし、アメリカもウィランズ湖を掘り進めています。第2章で紹介した地球の深海にも、海底火山の近くには自分で栄養を作ることのできる細菌《さいきん》と一体化（共生）した動物チューブワームがいました。

エウロパの内部海を直接調べることができるのはまだ遠い先のことですが、おそらくアメリカその他の国々は将来のエウロパ調査を想定していると思います。

宇宙飛行士選抜《せんばつ》試験は謎《なぞ》だらけ

１９９６年、僕が35歳《さい》のときにＮＡＳＤＡ《ナスダ》（現・ＪＡＸＡ《ジャクサ》）の宇宙飛行士候補者選抜試験を受けました。

宇宙飛行士の採用は定期ではなく不定期なので、その選抜試験も、いつ行われるかわかりません。僕が受験するまでに１９８５年、１９９２年にやっていますが、日本側だけではなくＮＡＳＡ側の予定もあり、選抜試験の実施《じっし》は不定期なのです。35歳で合格したとして、日本やＮＡＳＡで教育と訓練があります。さらにＮＡＳＡによる宇宙飛行士認定試験に合格して初めて「宇宙飛行士」と名乗れるのです（ロシアの認定試験でもいいですけれど）。それまでは「宇宙飛行士候補生《アストロノート・キャンデイデイト》」、略称《りゃくしょう》「アスキャン」です。アスキャンからアストロノートになったとしても、それですぐ宇宙に行けるわけではありません。長〜い順番待ちリストに入っていつ来るかともわからない〝ご指名《アサイン》〟を待つのです。たぶん実際に宇宙に行くのは40代後半。受験するなら今しかないと、僕は決断しました。職場の広島大学には相談しませんでした。宇宙飛行士の受験も一つの〝転職活動〟ですから、職場には内緒《ないしょ》で受験しました。他の宇宙飛行士の受験者の多くも職場には内緒だったみたいですね。

選抜試験の流れはこうです。書類選抜、第1次選抜、第2次選抜、第3次選抜があり、ようやく合格です。しかも、合格してもあくまでも「候補生《アスキャン》」の候補者ですから、そのあとNASAで数年間の教育・訓練を受けるのです。宇宙への長い道のりです。

応募《おうぼ》条件は日本国籍《こくせき》、自然科学系分野における3年以上の実務経験、訓練時に必要な泳力、英語能力などです。あと、アメリカでは車移動のため運転免許《めんきょ》が必要です。まず書類選考と英語の筆記、ヒアリング試験が行われます。その後の第1次選抜試験では数学・物理・科学・生物・地学の5教科、ほかに一般教養の筆記試験があります。難易度は国家公務員1種試験（現・国家公務員総合職試験）と英検1級程度です。それで候補者は四十数名に絞《しぼ》られ、第2次選抜が行われます。僕はその第2次選抜の結果、不合格となりました。つまり、準決勝敗退です。

1996年は572人の募集があり、第2次選抜は48名だったと記憶《きおく》しています。その48名を3班に分けて、1週間、つくば宇宙センターに缶詰《かんづめ》にされて医学検査や面接試験などを受けました。宇宙飛行士に興味がある人なら『宇宙兄弟』(小山宙哉《こやまちゅうや》)というマンガを読んだ人は多いと思いますが、本当によく描《か》けていると思います。ほぼあんな感じです。

第2次選抜試験で初めてNASDAの審査《しんさ》委員と面接をしました。「もしも君が宇宙飛行士に選ばれたら、我が国にとってどういうメリットがありますか」と毛利衛《もうりまもる》さんは(わざわざ英語で)僕に訊《たず》ねました。毛利さんはNASDAが選んだ日本初のプロの宇宙飛行士。それに彼はもともと科学者です。僕は深海に潜《もぐ》った経験をアピールしました。「一人の人間が深い海から宇宙まで行ったらすごいじゃないですか。そういう人間を日本から出すことに大きな意味があるでしょう」と答えたら、毛利さんが「じゃあ、僕が潜ればいいんですね」と返しました。実際、毛利さんは7年後に「しんかい6500」に搭乗《とうじょう》して南西諸島海溝《かいこう》探査をしています。毛利さんにネタ提供したようなものでした。

48名を3分割した班の中でペアを組み、1週間行動を共にします。僕のペアの相方は大柄《おおがら》で、マッチョな同世代の男性。その男性こそ後に宇宙飛行士になって、もう2回も宇宙に行ったことのある野口聡一《のぐちそういち》さんでした。野口さんは身長が180㎝あるし、ガタイがいい。パッと見はいかつい感じもあるんだけど、しばらく過ごすと本当にすごいヤツだとわかった。なにをやらせてもバランス感覚が良い。彼は東大の大学院を出た後、石川島播磨《はりま》重工業でジェットエンジンの設計や性能試験などをしていたそうです。早い時期から「この班から受かるとすると野口さんだろうな」と思っていました。面接や検査の間には30分～1時間ほどの待ち時間がある。その時間、僕は野口さん相手に延々とバカ話や駄《だ》洒落《じゃれ》を言っていました。僕より4つ年下で、なによりお互《たが》いに宇宙が好きなんです。話が盛り上がらないはずはありません。しかし、野口さんはあのときを振《ふ》り返って「地獄《じごく》の1週間」と言います。「長沼さん、駄洒落はいい加減にしてください！」。メンタルの強い宇宙飛行士さえも、あのときは、僕の駄洒落攻撃《こうげき》に辟易《へきえき》したのです。

左から毛利衛氏、著者と野口聡一宇宙飛行士。
選抜試験中の記念撮影。

　医学検査の一つに「24時間蓄尿《ちくにょう》検査」というものがありました。「オシッコを流さないで溜《た》めてください」と係の人からポリ容器を渡されました。参加者全員「蓄尿でいったいなにを見るんだろう?」と勘《かん》ぐります。「いっぱい尿を出すほうが、腎臓《じんぞう》機能がいいとみるのか……いや、宇宙ステーションでなにかあったときに尿を出さない人のほうがいいのか」。しかし、考えてもまったくわかりません。ここまできたら、オシッコの質はしょうがない。でも一日に出る量は個人差があります。班の中では「出す派」と「我慢《がまん》する派」とに分かれました。出す派は、とにかく量を出そうと、お茶をガンガン飲んで、ガンガン出す。出さない派は、水分を控《ひか》えて出しません。あるいは、呼吸計測用のマスクや血圧計、心電図の電極をつけてジョギングマシン(トレッドミル)で走っていると、走行台にだんだん角度がついてきます。試験係の人は「苦しくなったらやめてくださいね」と言いますが、こちらは「馬車馬みたいにギリギリまで走ってバタッと倒《たお》れる根性を見るのか、自分の限界を見極めて早めに下りるのがいいのか」と、これまた悩みます。

体力試験だけではありません。きっとなにかを見ているのだろうけれど、なにを見ているのかまったくわからない。ある単純な試験では「はい、解いてください」と言われてやる。簡単なのでいいスコアが出ます。また同じ試験が出されて、「次は何点だと思いますか?」と訊《き》かれます。こちらは2回目だし、前よりも向上しているはずだから、ちょっと高めの数字を言って、そのスコアが取れるように頑張《がんば》ります。すると「もう１回やります。次は何点だと思いますか?」と訊かれるのです。……これがあと何回あるかわからない。いくら簡単な試験でも、絶対に頭打ちや伸び悩みのときがきます。でも、自分の限界に近づいても、相変わらず〝向上する姿勢〟を見せるために、予想点数を高めに言う。「まだまだ僕には向上の伸《の》びしろがありますよ」と思わせるように。だけど、予測値と実際の数値に差があったらまずいので、できる範囲《はんい》で高め、どちらかというと〝無理なく達成できる程度の高め（低め）〟に言います。正直なところ、やっていることはオシッコを溜めたり、ジョギングマシンで走ったり、単純作業を繰《く》り返したりと、端《はた》目《め》にはくだらないように見えるかもしれません。で、さらに疑心暗鬼《ぎしんあんき》の世界です。そんな試験のなか、野口さんのスコアはいつも真ん中でした。

僕は最終選考に残ることはできませんでした。だけど、すぐ近くで野口さんを見ていたから、野口さんが選ばれて当たり前だろうなと思ったのです。僕は敬意を込《こ》めて、彼のことを「偉大《いだい》なる凡人《ぼんじん》」と呼ぶことがあります。それは、彼が極端《エクストリーム》に片寄らないことを、極限環境の生物学者である僕から見て、実に尊敬すべきであると、僕なりの言葉で表現したものです。彼はまさにＮＡＳＤＡの求めるパーフェクトな宇宙飛行士像だったでしょう。

僕はこの第2次試験で落ちたときに、もう年齢《ねんれい》的に宇宙飛行士になるのは諦《あきら》めました。何年後かの試験に無事合格したとして、そこから数年の教育・訓練があります。NASAにはたくさんの宇宙飛行士がいますから、新人は順番待ちです。それに、NASDAが求めるのは科学者ではなくミッションをこなすエンジニアだということがよくわかったのです。歴代の宇宙飛行士を見ても、科学者は毛利さんだけ。毛利さんの時代はまだ「優秀《ゆうしゅう》な研究者の確保」という側面があった。しかし、1986年のチャレンジャー号爆発事故の後は研究者がスペースシャトルに搭乗する機会が減っています。むしろ、その後に増えたのは、シャトルの任務により直接的に関わることのできる「技術者」でした。毛利さんと共に合格した土井隆雄《どいたかお》さんもNASAのミッションスペシャリスト（搭乗運用技術者）の資格を取ってからの搭乗でした。宇宙で化学実験を行うことはあるけれど、その実験はJAXA（当時はNASDA）が決めた実験で、宇宙飛行士が自ら考えた研究ではないのです。「宇宙飛行士は諦めよう」。それが36歳のときの決断でした。

こうして日本人宇宙飛行士は研究者、技術者の時代を経てきたわけですが、最近は国際宇宙ステーションに長期滞在《たいざい》するケースが多くなっています。これからはリーダーシップ能力のある「船長」タイプの人材が求められる時代ではないでしょうか。

これからの宇宙探査計画

ＪＡＸＡは現在のところ、月にも火星にも人を送る予定はありません。ＪＡＸＡが最優先で上げる衛星は、情報収集衛星や商業衛星です。以前に比べて、宇宙開発にはサイエンス以外の要素が増えてきたように感じます。

しかし日本に有人飛行の能力が無いのかというと、そうではありません。ＪＡＸＡが人間を宇宙へ送るのは易《やさ》しくはないだろうけど不可能でもなくて、今ある技術でも可能でしょう。国際宇宙ステーション補給機の「こうのとり」（ＨＴＶ）を有人化してＨ－ⅡＢロケットで打ち上げるという基本技術はあります。「こうのとり」は言うなれば、荷物を運ぶトラックのような無人の宇宙船です。そして、帰りは国際宇宙ステーションで出たゴミを乗せて大気圏《たいきけん》へ突入《とつにゅう》させ、燃やし尽《つ》くしてしまいます。せっかく技術の粋《いき》を集めて作ったのに片道運用ではもったいないですよね。燃やしてしまったら、せっかく宇宙でサンプルを取っても地上に持ち帰れませんし。僕は日本にも有人飛行に挑戦してもらい、宇宙開発にもっとサイエンスの要素を増やしてほしいと思います。メジャーリーグやサッカー選手が欧州《おうしゅう》のトップリーグに行くと、人は注目します。注目することでファン層が広がり、「将来、ダルビッシュのようになりたい」とか「本田のように欧州に挑戦したい」と夢を見て、歩み始める若い世代がいます。宇宙開発も同じです。自国の宇宙飛行士が自国のロケットで宇宙へ行く。その姿を見れば、日本の宇宙開発も人材が豊かになるはず。宇宙開発の技術を発展させるとともに、宇宙への〝憧れ〟を育成する必要もあるのではないでしょうか。

アメリカvsソ連の宇宙開発レースの歴史を見てもわかるように、宇宙開発は、かつて国家の威信《いしん》をかけて行われていました。最近では国家だけでなく、民間の宇宙事業もおもしろいと思います。たとえば、宇宙旅行ではリチャード・ブランソン（ヴァージン・アトランティック航空）が設立したヴァージン・ギャラクティック社、ジェフ・ベゾス（アマゾン）が設立したブルー・オリジン、イーロン・マスク（テスラ社）のスペースX社など、ベンチャーの成功者たちが宇宙産業に続々と参入しています。それまでの「国家事業」的なしがらみから脱し、より現実的なコスト意識でやるなら、こういうベンチャーと組んでもいい。ＮＡＳＡと商業軌道《きどう》輸送サービス契約《けいやく》をしているスペースX

社には国際宇宙ステーションへ物資補給をする「ドラゴン」があります。これはJAXAの「こうのとり」に相当しますが、ドラゴンは地球に戻ってくるように設計されています。アメリカのベンチャービジネスの成功者たちのように、日本でもお金持ちがお金の使い先を探しています。そういったお金持ちと〝宇宙への挑戦者〟とを結ぶ人がいればいいなと思います。

宇宙探査に関していえば、小惑星探査機「はやぶさ」は７年間、60億㎞の〝宇宙の旅〟をしました。そう聞くと「はやぶさ」はものすごく遠くまで行ったように思えますが、実は火星あたりまでしか行っていません。

日本の探査機が火星より遠くへ行けない理由のひとつは、電力を太陽光発電に頼《たよ》っていることです。NASAの探査機「ガリレオ」や「ニューホライズンズ」、NASAと欧州宇宙機関（ESA）共同の「カッシーニ」など、木星、土星、冥王星まで飛ぶような探査機はほとんどがRTG（ラジオアイソトープ・サーモエレクトリック・ジェネレーター）を使っています。RTGは「放射性同位体熱電気転換《てんかん》器」です。日本の場合、あるメディアが曲解して「原子力電池」と呼んでしまったので「そんな危険なものを打ち上げて、落ちたらどうなるのか」と政官界と〝市民〟が猛《もう》反対した経緯《けいい》があります。

冥王星へ接近する探査機ニューホライズンズのイメージ図。©NASA

だけど、ＲＴＧは１９７９年の打ち上げから40年近く飛んでいるボイジャー１号にも積まれている実績のある技術です。ボイジャー１号は２０２５年頃に電池の寿命《じゅみょう》が終わりますが、すでに２０１２年に太陽系の外に出てもなお地球に向けて電波を発しつづけているという、大きな成果を出しています。

もし、ＲＴＧを搭載《とうさい》した探査機の打上げが失敗して、それが大気圏《たいきけん》に再突入したら、ＲＴＧ容器が壊《こわ》れて放射性物質が大気中に広く拡散してしまうでしょうか。かつては（あまり知られていませんが、たしかに）そういう事故がありました。しかし現在の容器は非常に堅牢《けんろう》に作られており、壊れることはまず考えられません。「原子力電池」や「放射能電池」なんていう呼称《こしょう》がもたらした誤解のせいで、日本の人工衛星や探査機はＲＴＧを使えない政治的状況にあるのはとても残念です。もし、ＲＴＧを使えれば「はやぶさ」だって、同じ大きさ、同じ重さで、もっと高性能になり、もっと遠くまで飛べたことでしょう。なんとももったいない話です。

ＳＦは壮大《そうだい》な仮説

僕はＳＦ映画が好きです。よく「科学者なのにユルいＳＦ映画を観《み》るんですね」と言われますが（みんな科学者をとんでもなく真面目な堅物《かたぶつ》と思っているのでしょう）、優れたＳＦ映画や小説はよくできた「仮説」という側面もあります。ＳＦは荒唐無稽《こうとうむけい》な物語と思っている人がいるかもしれませんが、今のＳＦは嘘《うそ》や突拍子《とっぴょうし》もないことを書くと、読者からの支持を失います。ＳＦ（空想科学）を下支えするのは最新の科学であり、空想科学と最新科学の両者は互いに影響《えいきょう》し合いながら進化してきました。質のいいＳＦは、ロジックの組み立て方、イマジネーションの提示が素晴らしい。そのときの科学的な知識に基づいて、作家の頭の中でどんどん物語ができあがっていき、最終的に作家の〝脳内宇宙〟が描かれます。その脳内宇宙を支える「仮説」に触《ふ》れられるのがＳＦを観たり読んだりする醍醐味《だいごみ》、この上ない喜びです。

SFの父と呼ばれる19世紀のフランス人作家ジュール・ヴェルヌや『2001年宇宙の旅』で有名なアーサー・C・クラークらの作品は今の時代に読んでもまったく遜色《そんしょく》ない、素晴らしいSF古典だと思います。映画『オデッセイ』の原作『火星の人』（アンディ・ウィアー著）の作者の職業はプログラマーでした。彼は宇宙オタクで、とにかく火星に関することを調べまくったそうです。宇宙船の軌道を計算するプログラムまで書き、真実と整合性をもって『火星の人』を執筆《しっぴつ》しました。NASAに特別な取材をしなかった一方で、NASAやその他科学者が発表している論文や資料を読むだけ読んで、3年の月日をかけて『火星の人』を完成させたのです。つまり、論文が『オデッセイ』で視覚化されたのです。原作小説もおもしろいので、火星に興味を持っている人は、ぜひ手に取ってみてください。他に、『結晶《けっしょう》 星団』（小松左京著）、『竜《りゅう》の卵』（ロバート・L・フォワード著）、『暗黒星雲』（フレッド・ホイル著）、『2010年宇宙の旅』、『2061年宇宙の旅』、『3001年終局への旅』（以上、アーサー・C・クラーク著）などを、ぜひ「優れた仮説」として読んでいただきたいです。

しかし、ＳＦ小説や映画の中には「何百光年も離れた地球にやってくるほどの知的生命体がこんなことやるかな……」と思わざるをえない内容の作品もあります。そういう作品の評価はさておき、真面目な話として、もし、宇宙人が地球に来たらなにが起こるか。そう考えると、我々人間の歴史を振《ふ》り返り、ぞっとしてしまいます。〝新大陸〟を侵略《しんりやく》したスペイン人たちがなにをやったか。〝暗黒大陸〟を植民地化したヨーロッパ人がアフリカでなにをやったか。知力に長《た》けたものが、そうでないものを支配しがちなのはありうるし、支配・被支配の関係において共存は難しいとも思います。3、4万年前までは、ヨーロッパでネアンデルタール人とクロマニヨン人が共存していましたが、結局、ネアンデルタール人は絶滅《ぜつめつ》しました。やはり、共存は難しかったのでしょうか。

『決定版 2001年宇宙の旅』
（アーサー・C・クラーク著、
ハヤカワSF文庫）

当時は北半球において氷期が一番活発で寒い時期でした。最終氷期最盛期（ＬＧＭ）といいます。ヨーロッパで暮らしていたネアンデルタール人は、拡大する氷河に追われるように南に下《くだ》ってきたことでしょう。そこで、現生ヨーロッパ人の祖先・クロマニヨン人に出会いました。ネアンデルタール人はおそらく住む場所や食べ物をクロマニヨン人に取られて、自然消滅したのだろうと考えられています。同時期にインドネシアあたりに定住したフローレス人、そして、シベリアにいたデニソワ人と、4種類の人類がいたのですが、我々人間（ホモ・サピエンス）だけが生き残っています。恐竜《きょうりゅう》のように巨大隕石《きょだいいんせき》の衝突《しょうとつ》という外的要因で絶滅することもありますが、古い種が新しい種に取って代わられて消えていくこともあります。

だから、宇宙人と地球人の共存は難しいと思います。僕らはパンダを「かわいい」と言います。パンダは希少動物であり、主食は人間に影響のない笹《ささ》。人畜無害《じんちくむがい》な動物です。でも、もし人間が畑を作って、そこに大量のパンダがやって来て畑を荒《あ》らしたら、イノシシやシカのような害獣《がいじゅう》と思われるようになるでしょう。もしパンダが希少動物でなければ、人間はパンダを殺すかもしれません。動物愛護法というルールを作った現代の人間は、むやみには動物を殺しません。しかし、逆に言えば、ルールを作ったのは、それがなければむやみに殺すからですよね。人間は素晴らしい知性を持っていると同時に、チンパンジーと同様に暴力的な気質や暴力的にさせる遺伝子も持っています。そして、それが発露《はつろ》してしまうコトがたまにあるのです。

もし、我々より知力の高い宇宙人が地球に来た場合、彼らはどのような態度をとるでしょうか。僕たちがさらに知性的になり、宇宙人もまた知性と協調性があれば、ＳＦ映画のような友好的な宇宙人との交流があるかもしれませんが、互いにその「高み」に達していなければ、悲劇的な結末になるような恐《おそ》ろしさも感じています。

宇宙人とのコミュニケーション方法

国立天文台、核融合《かくゆうごう》科学研究所、基礎《きそ》生物学研究所、生理学研究所、分子科学研究所の５つの研究所をまとめる〝傘《かさ》〟のような「自然科学研究機構（ＮＩＮＳ）」という組織があります。その中に、新たな研究部門として、宇宙における生命の起源と進化に関する最先端研究を行う「アストロバイオロジーセンター（ＡＢＣ）」が２０１５年に設立されました。アストロバイオロジーは「宇宙生物学」と訳されていて、僕もここの教授を兼業《けんぎょう》しています。

現在、地球外の生命を調べる機運が世界的に高まっています。そのきっかけは、１９９８年にＮＡＳＡが創設したアストロバイオロジー・インスティテュート（ＮＡＩ）です。アストロバイオロジーの遠大な目的は「私たちはどこから来たのか」、「私たちは宇宙で孤独《こどく》な存在なのか」、「私たちはどこへ行くのか」という3つの問題を解明することです。それまでの宇宙探査は、天体写真から地形やその成因を推察したり、土を採取してデータを収集してきました。アストロバイオロジーは、そうした研究をベースにして、さらに「生命に関する調査や考察」を最重要テーマに掲《かか》げています。現在ではすでに複数の国に、地球外生物を研究する学会や研究施設《しせつ》ができています。

ＮＡＳＡはアメリカの政府機関ですから、そこに予算が確保されるということは、宇宙での覇権《はけん》争いの意思もあるでしょう。これまでの宇宙開発の主力はロシア、アメリカ、ヨーロッパでしたが、新聞やテレビのニュースでもご存じの通り、最近は中国やインドが台頭してきました。現在の覇権争いの舞台は人工衛星が飛び交う地球の上空ですが、中国国家航天局（ＣＮＳＡ）は２０１３年に月探査機「嫦娥《じょうが》3号」を月北部の「雨の海」に着陸させた他、２０２０年を目処《めど》に火星探査機を打ち上げるとの発表もしています。この動きからもわかるように、為政者《いせいしゃ》からすると「地球外生命の探査」なんて、一つの〝看板〟にすぎないでしょう。「生命発見」は、美しい大義名分になりうることから、目的にしやすいのです。僕たちは覇権争いに関心はありません。その代わり各国が連携《れんけい》して「宇宙の謎《なぞ》」や「生命の謎」に少しでも迫《せま》れたらいいと思っています。

僕がアストロバイオロジーに取り組む目的、それはズバリ「宇宙人に会いたい」に尽《つ》きます。いずれ近い将来、誰か（人間かロボットか）が火星やエウロパ、ガニメデや土星の第2衛星エンケラドスなどに行ってバクテリアのような「生命」を発見するでしょう。そんな生命が宇宙にいることは、多くの人がすでに予測しています。ただ希望を言えば、バクテリアなどの微生物《びせいぶつ》ではなく、コミュニケーションを取れる大型（人間大）の知的生命体と出会うことを、僕は望んでいるのです。

宇宙から届いた、たった一つのシグナル

こうやって、宇宙人の話をすると、多くの人は胡散臭《うさんくさ》く思うようです。でも、先ほど話したように、天の川銀河内にある恒星約2000億個のうち、約1000億個に地球と同じようなハビタブル惑星があると考えれば、宇宙に生命がいることは当たり前のように思えてくるし、その中に知的生命体がいたっておかしくない。世界の科学者の多くは「そりゃあ、確率的にどこかにはいるよね」という考えの人の方が多いように思います。

人間がハビタブル惑星を発見したのは望遠鏡によってです。人間が見つけたのだから、向こう（宇宙人）もすでにこちらを見ている可能性もある。人間が電波を使ってコミュニケーションを始めてまだ100年ほどです。実は、その頃から、無線通信やラジオやテレビの電波は、地球から宇宙にダダ漏《も》れなのです。つまり、地球を中心に半径100光年の内側に地球発の人為的《じんいてき》な電波が届いているのです。半径100光年圏内《けんない》には液体の水が存在する地球型惑星がいくつもあると考えられています。だとすると、とっくの昔に我々の存在はバレバレで、高度な能力を持っている宇宙人であればラジオやテレビなどの電波を分析《ぶんせき》しているかもしれません。

さて、地球側（人間側）でできることは、宇宙人からの電波を受信することです。1960年代から地球外知的生命体による宇宙文明を発見するプロジェクト「地球外知的生命体探査（SETI《セティ》）」が行われています。その超《ちょう》目玉級の出来事として、1977年に宇宙からのシグナル（信号）をアメリカの旧オハイオ州立大学の天文台が72秒間にわたって受信しました。これは「Wow！シグナル」と呼ばれているものです。英語で驚《おどろ》いたとき「Wow！」って言うでしょう。当時の観測手が、そのシグナルを見て記録用紙に「Wow！」って書いちゃったんです。さぞ驚いたでしょうね。しかし、残念ながら、このシグナルは当時の技術ではそれがどの方角のどの距離から来たのか、正確にはわかりませんでした。しかも、届いたのはそのたった一回だけです。おそらく、発信した宇宙人も全天に向けて、あちこちに単発的に発信したので、一回発信した方向へはもう発信しなかったためだろうと考えられます。ちなみに、この信号の周波数は1420MHz（波長は21cm）。これは特に「21cm線」あるいは「水素線」と呼ばれていて、電波天文学の重要な「保護周波数」として、地球人はこの周波数を使わないよう、求められています。これまで状況《じょうきょう》証拠《しょうこ》的には自然界から発された電波とは考えにくいとされてきましたが、最近になって自然現象だったかもしれないという説も出てきました。

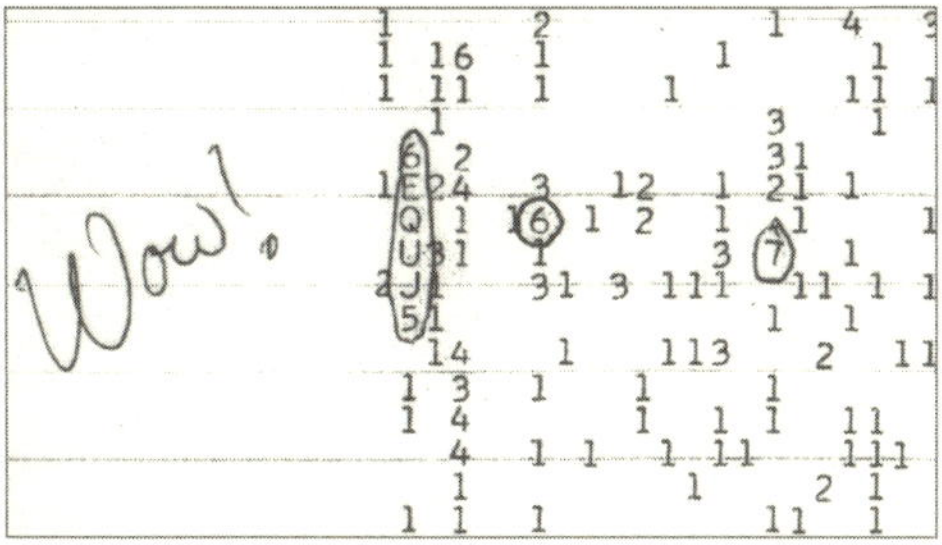

信号を記録したエーマンのメモ。手書きで囲んだ文字列が強い信号を表す。

　2006年と2008年に発見された2つの彗星は水素ガスの雲に覆われていて、このどちらかが1977年に「ビッグイヤー」が向いていた方向を横切ったという説です。これらの彗星はそれぞれ2017年と

２０１８年にまた還ってくるので、そのときに第2の「Ｗｏｗ！シグナル」を受信できたら、これは自然現象だったことになってしまいます。

ＳＥＴＩの研究者たちが主に使っているのは電波望遠鏡です。望遠鏡と聞くと、学校や家庭で使われるような光学望遠鏡を思い浮《う》かべるかもしれません。実は光（特に、人間の目に見える光、という意味で「可視光線」といいます）も電波も、同じ「電磁波」の仲間で、波長あるいは周波数が違《ちが》うだけなのです。電波より波長が短いのが光（赤外線、可視光線、紫外線《しがいせん》）で、さらに短いものにＸ線やガンマ線があります。宇宙には、可視光線だけではなくＸ線、ガンマ線、紫外線、赤外線、そして電波が飛んでいますので、それぞれの電磁波をキャッチするために特化した望遠鏡があります。その一つが電波望遠鏡なのです。

この宇宙にあるものはすべて表面温度に対応した波長（周波数）の電磁波を出しています。宇宙で起きている現象は数億度という超高温から絶対零度《れいど》に近いような超低温のものまでさまざまです。しかし、どんな温度でもそれぞれに応じた波長の電磁波が出ています。また、電磁波が出てくるメカニズムの違いによっても、いろいろな波長のものが出てきます。僕たちの目は可視光線以外の電磁波を捉《とら》えることはできませんが、電波望遠鏡や赤外線望遠鏡、紫外線望遠鏡、X線望遠鏡などは、いろいろな波長の電磁波を観測することが可能なのです。

宇宙人への対応方法を記した、驚くべきマニュアル

もし宇宙人がいるとして、すでに地球発（人間発）の電波を分析しているとしたら、我々よりもはるかに知的な生命体でしょう。人間は、一つの太陽と自分（地球）との関係、いわゆる「2体問題」で思考してきました。天体でいえば、地球と太陽という2体の動きは厳密に分析できますが、そこに月が加わったときの3体の相互《そうご》作用に関しては厳密には解けなくて、コンピューターを使ってたくさんの計算をしてようやく近似《きんじ》ができるくらいです。これは「3体問題」、いや、実際には3体どころではないので「多体問題」といわれるものです。そして、ここからが現実問題なのですが、今、地球上から見えている星々の約半分は、実は太陽が二つあるような連星系です。太陽が二つあれば、〝自分の惑星〟も入れると最初から「3体問題」に直面することになります。そういう惑星に住んでいる知的生命体なら3体問題を楽々と解けるほど高度な文明をつくってい

るかもしれない。連星には3連星もありますから、そうすると太陽が3つで、4体問題から多体問題まで解ける……というように、より高次の数学的思考があると推測されています。僕も双子《ふたご》の太陽があるような連星系の太陽系に生まれていれば、もっと頭がよかったのにな、と時折〝太陽系のせい〟にしています。

地球外知的生命探査では電波の受信だけでなく、こちらからの発信も試されたことがあります。なかでも注目されたのは「アレシボ・メッセージ」でした。アレシボはプエルトリコにある世界最大の望遠鏡で直径305m。1974年、地球から約2万5000光年のヘラクレス座にある球状星団M13に向けて、数字、DNAの構造、人間や太陽系などを図形化したメッセージが送られました。2万5000光年というと、届くまでに2万5000年、返事をすぐにくれたとしても往復で計5万年かかります。しかし、地球とM13の間にある宇宙人が電波をこの40年余りの間にキャッチして、すでに返事をくれているかもしれません。この他に、太陽系から外宇宙（恒星間空間）に向けて飛んでいる「パイオニア10号・11号」と「ボイジャー1号・2号」には地球外生命体に向けたメッセージが積み込まれています。このうち「ボイジャー1号」は、2012年に太陽系を出ました。小さな探査機の機体を目視で見つけるのは難しいかもしれませんが、高度に文明が進んだ宇宙人なら、探査機が発する電波を傍受《ぼうじゅ》する可能性は十分にあると思います。

今後、地球外から知的生命体のシグナルを受け取ったらどうすればいいでしょう。

驚くべきことに、その対応マニュアルがすでに存在するのです。国際宇宙航行アカデミー（ＩＡＡ）が採択《さいたく》したもので『地球外知的生命の発見後の活動に関する諸原則について の宣言』です。これによると、もし地球外からのシグナルを受け取った場合、すぐに勝手に返信してはいけないことになっています。だからといって１１０や１１９に電話しても相手にされません。まずは最寄りの天文台などに連絡し、関係機関でその信憑《しんぴょう》性《せい》を検討し、それが地球外知的生命によるものという結論になったなら、「マニュアル」に従い、先進各国の首脳や国際連合事務総長などに報告し、それから慎重に世界に公表するという運びになります。その後、国連事務総長と各国の首脳たちが協議して「地球人としてどう対応するか」を決めた後、さらにどういう返事にするのかも決めた上で、初めてアクションするとなると……もしかすると「なにもしない」となるかもしれませんが……なかなか、大変ですね。早くて１週間、へたすると軽く１ヶ月はかかるでしょう。

さて、肝心《かんじん》の〝返事〟ですが一番簡単なのは、来たものをそのまま返すことです。投げたボールがどこからか返って来たら、そこに誰かがいると思うでしょう。ただ、太陽系から一番近い恒星・ケンタウルス座アルファ星でも4光年（光の速さで4年かかる）。そこにハビタブル惑星があって、かつ、知的生命体の高度な文明があるとして、「こんにちは」「こんにちは」で8年ですね。

問題は電波ではなく、いきなり宇宙人がやって来た場合です。この対応はまだ国際社会で決定されていなくて、おそらくＩＡＡの作った『地球外知的生命の発見後の活動に関する諸原則についての宣言』に準ずることになります。でも、「宇宙人に遭遇《そうぐう》しました」と天文台に連絡したところで、連絡を受けた天文台も「宇宙人は管轄《かんかつ》じゃないんで……」と、困りますよね。やはり最終的には各国の首脳が集まって、どう対応するかを話し合うため、数週間は放置されるでしょう。これ、放置された宇宙人はかなり怒《おこ》りますよ。1853年7月8日に浦賀《うらが》に入港したペリー艦隊《かんたい》は、約1週間待たされて幕府側が指定した久里浜《くりはま》に上陸したのですが、待たされたペリーは苛《いら》ついたかもしれません。だけど、経験を積んだ宇宙人なら「初めてのときは結構、待たされるんだよね」って余裕で待ってくれるでしょうか。宇宙人がそれほど寛大ではない場合、怒って帰られても困ります。やはり、こういう場合に備えて、誰がどのように対処するのかをきちんと決めておく準備や必要はあると思います。いや冗談《じょうだん》ではなく、僕は真面目に考えているのです。

地球生命を他の惑星で存続させる——火星移住計画

地球外知的生命体すなわち「宇宙人」の発見ないし来訪は、僕にとって大きな関心事です。が、それとともに「人間の宇宙進出」もまた僕の大きな夢です。その「人間の宇宙進出」に関連して、いま非常に興味深い試みが進行中なのをご存じでしょうか。それは〝火星移住計画〟、たとえば「マーズワン」計画です。

もしこの先、なにかの理由で地球に住めなくなった場合、人間はどうすればいいでしょう。お隣《となり》の恒星、ケンタウルス座アルファ星に地球に似たハビタブル惑星があるとして、そこまでの距離は約４光年、世界最速の探査機（秒速20㎞）でも６万年もかかってしまいます。

そんな遠くに行くのは非現実的だというのなら、現実的なところで宇宙ステーションを大きくしたような「宇宙コロニー」がありえます。でも、アニメ『機動戦士ガンダム』に出てくるような宇宙コロニーは、たとえば、南極の越冬《えっとう》隊のことを思い出せばわかるように、なにからなにまで自給自足できるわけではありません。食糧《しょくりょう》や生活物資などの補給を受けなければなりません。母星があってこそのコロニーなのです。その延長線上の現実的な選択《せんたく》の一つに火星をテラフォーミング（地球化）し、移住することがあります。

火星がいいのは、まず距離がいい。私たちの現在の技術でも1年足らずで到着《とうちゃく》します。そして火星には、地球の100分の1弱と薄《うす》いながらも大気があり、南極と北極に氷があり、地下にも氷や水があることも利点です。すでに数々の探査機が送り込まれた惑星ですので、さまざまなデータの蓄積《ちくせき》があります。実際にアメリカは月有人探査計画「コンステレーション計画」を打ち切り、2030年代半ばまでに宇宙飛行士を火星の軌道《きどう》に送り込む目標を掲げた新宇宙政策を公表しました。地球と火星は片道260日、往復520日が標準的とされていますが、場合によっては短縮も可能です。中国も火星への有人飛行や着陸を目指していますから、今後両国がしのぎを削《けず》ることでしょう。

そして、驚いたことに、国家だけでなく、民間企業《きぎょう》やNPOまでもが火星に行く計画を相次いで発表しています。なかでも世界をあっといわせたものが「マーズワン」計画です。２０２６年に第一陣《だいいちじん》（４名）の打ち上げ、２０２７年に第一陣の火星着陸、その後、2年おきに4名ずつ送り込み、総勢を20名あるいはそれ以上にするというもの。マーズワン計画の「ワン」はワンウェイ（一方通行、片道切符）のワンです。つまり、彼らは火星に「移住」し、二度と地球の地を踏《ふ》むことはないのです。この大胆《だいたん》な〝片道切符《きっぷ》〟のミッションを計画するNPO「マーズワン」は、オランダが本拠地《ほんきょち》です。代表者は、工学系の修士号を持つオランダ人のバス・ランスドルプ氏。1999年にノーベル物理学賞を受賞した理論物理学者ヘーラルト・トホーフト博士もバックアップしてくれています。ランスドルプ氏は、自分で興した空挺式《くうていしき》風力エネルギーを開発するベンチャーAmpyx Power社の株式を一部売却《ばいきゃく》してマーズワン設立の資金源としました。現在の計画ではスペースX社のロケット「ファルコンヘビー」と宇宙船カプセル「ドラゴン」の改造版を使うことを考えています。また、宇宙での環境制御《せいぎょ》・生命維持《いじ》システム（ECLSS）で実績のあるアメリカのパラゴン・スペース・デベロップメント社とも、火星での屋外作業用のECLSSおよび宇宙服の開発の契約《けいやく》を結んでいます。

僕は「マーズワン」のアドバイザーをしています。いちばん初めの募集《ぼしゅう》ではなんと20万人の応募があり、現在100人ぐらいまでに絞《しぼ》っています。日本人は50歳代の女性が1人。メキシコ在住で日本料理店のシェフだそうです。この100名を最終的には20人に絞るのですが、もしかしたら増員するかもしれません。2026年に第一陣の打ち上げ予定ですが、それまでの間に心変わりしてしまう人が出てくる可能性もないとは言えませんし。

この本を読んでいるあなただったら、どうでしょうか？ 今の時点では地球に未練もないし、しがらみもないという人だって、そのうち恋人《こいびと》ができたり、結婚《けっこん》して子どもができると、つまり「絆《きずな》」ができてしまうと、考えが変わるかもしれません。そういったケースも想定すると、多めに選抜《せんばつ》しておくのがよいかと思っています。

「マーズワン」は第一陣の4人で小さい集団生活を営み、2年後に8人になって、最終的には20人の集団になります。この20人は、火星の小さな村に住み、それぞれの一生をまっとうするのです。隊員は村を維持するだけのさまざまな技量（スキル）が必要です。わかりやすい〝たとえ話〟をすると、やはり南極の越冬隊でしょうね。日本の昭和基地の越冬隊はだいたい30人。彼らはなんらかの理由で、南極観測船（砕氷艦《さいひょうかん》）「しらせ」

が行けなくなった場合でも、自分たちで数年間は生きていける食糧その他の物資と装備、そしてスキルを持っています。「マーズワン」も環境は似ていて、建設業、電気・ガス・水道（ＥＧＷ）、医者、エンジニア、通信士などの仕事がこなせる人が必要です。求められるスキルは、持って行った道具を正しく使え、壊れたら直せる人、そして、手元にある道具を組み合わせて新たな道具を作るなどの〝工夫〟ができる人。最初は４人しか行かないから、４人で相乗効果を出せる人たちを選びますが、宇宙飛行士とは根本的に異なる選抜方法です。

火星へは標準で片道２６０日以上かかるので、行って帰ってくるだけで５２０日。すでに有人飛行に向けて、人体にどのような影響があるかを調べる閉鎖《へいさ》環境実験「ＭＡＲＳ５００」が、ロシアと欧州宇宙機関（ＥＳＡ）と中国の共同研究として、２００７年から２０１１年にかけて行われました。ロシア、フランス、イタリア、中国から６名が５２０日間、ロシア科学アカデミー生物医学問題研究所（ＲＡＳ－ＩＢＭＰ）内に作られた模擬《もぎ》宇宙船に隔離《かくり》されました。実験期間中は喧嘩《けんか》もなく生活していました。が、おもしろいことに、最終日が近づいて終わりが見えてきたあたりから喧嘩が始まったのです。どうせもうすぐ終わりなんだから、仲が悪くなってもいいや、って。「マーズワン」

の場合は、520日では終わらない。死ぬまでつづくのです。終わりがない場合には、人間はどうなるのかは、わかっていません。これは果てのない、予想もつかない実験なのです。

計画発表時には、世界中からさまざまな意見が出ました。「すばらしい。これこそ、真のフロンティア・スピリットだ！」と言う人もいれば、「非人道的だ！」とバッシングする人もいました。「宇宙条約」には、ロケット打ち上げ国が責任を負うとあります。「マーズワン」のロケットは、アメリカでの打ち上げはアメリカ政府が許可しなければ困難でしょう。日本も欧州も断るでしょうから、射場を確保できない恐れがあります。技術的には現実味がありますが、政治的・倫理的《りんりてき》にこの計画が承認されるか、今のところ現実性は低いかもしれません。

ただ、僕がこの計画に対して興味を持ったのは、オランダ人のバス・ランスドルプ氏の考えがおもしろかったからです。実現されるか否かは別として、21世紀初頭のフロンティア・スピリットの発露《はつろ》だなと思いました。ランスドルプ氏が「人間を火星に送る」と宣言したことで、少なくとも人間は一歩前に進んだのです。人間は、7万年前の寒冷化で世界人口がたった1万人にまで縮小したと第3章でお話ししました。その1万人が今や73億人です。寒冷化の後、たぶん5万年くらい前に人間はアフリカを出て世界中に拡散しました。出アフリカの後、たちまちアジア大陸の端《はし》っこにたどり着くと、今度は粗末《そまつ》な舟《ふね》で海を渡ってオセアニアに到達《とうたつ》した。どうして、そんなに危なっかしいことをしたのでしょうか。大陸の端っこまで追い詰められ、やむにやまれず舟をこぎだしたのでしょうか。僕は、彼らは超ポジティブな気持ちで旅したのだと思っています。粗末な舟で大海原に出た彼らには、水平線の向こうに陸地も島も見えてはいませんでした。コンパスも双眼鏡《そうがんきょう》もありませんでした。それでいて、なにもない海にこぎ出したのです。

僕は「マーズワン」計画のことを指して「宇宙大航海時代」の始まりと呼んでいます。15世紀半ばから17世紀半ばまでつづいた大航海時代や、5万年前の「出アフリカ」の旅路の方が、大変だったでしょう。それに比べれば〝火星〟という明確な目的地が見えている「マーズワン」計画のほうがまだモチベーションが高いと言えるかもしれません。

第2章で、生物進化上、地球生命がたった2回だけ経験した大進化として、ミトコンドリアと葉緑体の話をしました。この2回の奇跡《きせき》がなければ、おそらく現在のような大型生物はいなかっただろうし、もちろん、人間のような知的生命体も出現していなかったでしょう。もしかしたら、地球上で生命が誕生してからおよそ38億年がたった今もなお、微生物だけの星だったかもしれません。

「宇宙は広いから、きっとどこかの星には自分たちのような生命体がいるかもしれない」とよく言われます。しかし、「宇宙は広い」と言っても、宇宙全体の星の数はせいぜい10の22乗から23乗個。その中で生命が誕生し、かつ人間のような知的生命体が生まれてくる割合はさほど高くはないと思います。まして「生命のことを考える生命体」なんて、とても特殊《とくしゅ》な生き物と考えて良いでしょう。

僕自身の研究のテーマの一つは「生命の起源」という過去のことですが、未来のこともまた常に念頭に置いています。僕は誰もが自分自身の中に長い生命の歴史を感じていると思います。そして、科学技術の進歩を追い風に、今や宇宙に「生命の起源」——「地球生命の起源」でもいいし、「地球外生命の起源」でもいい——を探りたいと思っています。それをぜひ皆さんと共有したい。なぜなら、それがわかったとき、人間の知性にとって大きな転換《てんかん》点になることは間違いないからです。それがわかれば、「起源」の対極にある「終焉《しゅうえん》」を迎えないために、現在どんな選択をするべきかということも、わかるからです。

おわりに　生命の本質は蔓延《はびこ》ること

地球に生命が発生したのは今から38億年前、としておきましょう。それ以来、生命は今に至るまで一回も途切《とぎ》れていません。途中、隕石《いんせき》落下や全球凍結《ぜんきゅうとうけつ》（雪玉地球《ゆきだまちきゅう》、スノーボールアース）などで何度か危なかった瞬間《しゅんかん》はありますが、生命は細い糸になりながらも、ずっとつづいてきました。最初の生命からどれほど隔《へだ》たっているとしても、我々は最初の微生物《びせいぶつ》から連続した系譜《けいふ》の一部であり、いつもしぶとく生き延びて、蔓延ってきた生命体たちの子孫なのです。

子どもの頃《ころ》に感じた「生命とはなんだろうか」「人はどこから来てどこへ行くのか」という問いを僕は追い求めてきました。そう言うと格好いいですが、本当は求道者のようにずっと同じ問いを考えつづけてきたのではありません。そのときそのときの運や成り行きもありました。しかし、僕の興味や疑問の対象、つまり辿《たど》ってきた道は、結果として「生命とはなにか」につながっていたのです。深海で見たチューブワームも深海、南極、北極、砂漠《さばく》で見つけたハロモナスも、決して派手な生き物ではありません。僕が興味と時間を注いできた微生物はどちらかというと、人知れず存在する生物でした（事実、ずっと見過ごされてきました）。彼《かれ》らの多くは僕らからすると辺境の地にいますが、彼らにとってはその場所こそが、過ごしやすい環境《かんきょう》なのだ、という場合もあります。

微生物生態学者の間には、一つのドグマ（堅固《けんこ》な信条）があります。

Everything is everywhere,（すべてがどこにでもいる）

というドグマです。微生物は小さいからこそどこにでもいます。水や風によって簡単に分散してしまうから、世界中に散らばります。このドグマには後半があって、

but the environment selects.（しかし、環境が選択《せんたく》する）

どんな種類の微生物でも散らばるけれども、環境に適応した種類だけがそこで蔓延るのだ、と言っているのです。その一例がいわゆる「固有種」です。逆に、その環境で決

して爆発的《ばくはつてき》には繁殖《はんしょく》しないけれども、地球上のどこででも細々と生き延びるような種類もある。自然界では、そういうマイナーでスローなもののほうが実は生命としてメジャーなのではないかと、僕は辺境の地を訪れて思うようになりました。生物界や自然界で大事なことは、より強くとか、より良くとか、そういう方向性ではなくて「死なない程度」でいいのかもしれないと。英語のことわざのEvery dog has his day.（どんな犬にもいい日がある）のように、生きていれば、きっといい日もありますよ。だけど、〝いい日〟のときに浮《う》かれて増長せず、いつも粛々淡々《しゅくしゅくたんたん》と、いつも同じような感じで、普通に生きていく。この地球の生命の主流は、環境に対して可もなく不可もなく、江戸《えど》時代の禅僧《ぜんそう》・良寛和尚《りょうかんおしょう》が「死ぬる時節には死ぬのがよく候《さうらふ》」と曰《のたま》ったように、しかし、とにかくしぶとい、マイナーでスローな生き物なのです。

調べれば調べるほど、辺境の地に行けば行くほど「生命」という現象は謎《なぞ》だらけだと思い知らされます。これほど多くの人が、「生命」について考え、研究しているのに、我々は「生命」に対して厳密な定義もできないし、どこで、どうやって生まれたかすらわからない。我々は自らを「ホモ・サピエンス（賢《かしこ》いヒト）」と名付けましたが、その「賢いヒト」は未だ、自らもその一部である「生命」の謎の入り口にすら立っていないのが現状です。それでも知恵《ちえ》を持った我々人間は、これからも「生命とはなにか」を考えつづけていくでしょう。僕はその知恵を、人間や世界にとってよい方向に使ってほしいと願っています。

頭の良い動物は人間、チンパンジー、イルカといわれていますが、この3種に特徴的《とくちょうてき》なのは、嘘《うそ》、騙《だま》し、裏切り、駆《か》け引きがあるということです。これらは決して善いものではないけれど、知性の始まりだとも言える。人間もイルカもチンパンジーも集団生活をしています。しかし、そういう中で誰が得するかというと、まずは嘘をつくヤツなのです。働いているフリ、横取り、嘘、騙し、裏切り……。チンパンジーなんかだとナンバーワンのボスがいます。以前は「ボス猿」なんて言っていたけれど、最近は「アルファオス（α雄）」と呼びます。そのボスに対して、第2位、第3位が連合を組んで、アルファオスをボスの座から引きずり下ろすことがあります。それで、第2位が上がると思いきや、第3位がうまく駆け引きをしてトップになることもあるのです。そういう嘘や騙し、裏切りをするヤツが得をして、結果的に遺伝子を残してしまう。争いをすることは、動物が持っている「本性」なので、仕方がないことです。しかし、なにかのために争うのと、争いのために争うのとでは、意味が違《ちが》います。「行き過ぎた争い」は人間とチンパンジー特有のもので、どうも、人間とチンパンジーは「争いのための争い」をしかねない生き物だということもわかっています。

この研究は動物行動学の分野で、僕の専門ではありませんが、おそらく動物の行動の本質も究極的には遺伝子の支配下にあると僕は考えています。たとえば、人間とチンパンジーは「争いの遺伝子」を持っているに違いありませんし、それが他の動物に比べると顕著《けんちょ》に発現しやすいのでしょう。この遺伝子をはじめ、動物の行動や本能と遺伝子の関係については来世紀には解明されるでしょう。どの遺伝子が、人間の行動や本能に影響《えいきょう》を与えているかというところまでわかるはずです。そうすれば「争いの遺伝子」を直すことができるかもしれません。もちろん、遺伝子に手を加えて、本能を変えてしまうことに対しては倫理的な問題が出てくるでしょうが。

人間とチンパンジーの一番違うところは、「人間はよく協調する」ことです。最近、他者との協調を促《うなが》すホルモンを分泌《ぶんぴつ》させる遺伝子の存在が明らかになりました。僕はそれを「協調性遺伝子」と呼んでいます。この遺伝子によって分泌されるホルモンは、もともと子宮の働きをコントロールする女性ホルモンですが、それは脳内に入るとホルモンというより、神経伝達物質として働きます。7〜5万年前にアフリカを出て世界に広がった我々の祖先も、この協調性遺伝子を持っていました。その遺伝子を持った彼らが生き残ったからこそ、都市や国家を作ることができたのです。

争いをせずに、話し合い・助け合い・分かち合いで物事に取り組む人間。その理想形を「ホモ・パックス（平和なヒト）」と僕は呼んでいます。どんな生物種でも寿命《じゅみょう》があり、その未来には進化か絶滅か、二つに一つしかありません。環境が激変して、追従できずに滅んでいく。隕石落下、寒冷化・温暖化という外的要因で甚大《じんだい》な被害《ひがい》を受けて絶《ぜつ》滅《めつ》することもあります。あるいは、新種が生まれて、新種に置き換わっていく。そういうふうに発展的に消えていく種もあります。それはまさに「進化」の一局面。我々人間も、いまこの瞬間も進化しています。進化とは、ある意味〝変化〟です。これから、どんどん変化して我々の先祖と似ても似つかなくなっていったら、それはもう「ホモ・サピエンス」とは呼ばれないでしょう。進化した後の人間が平和なヒト「ホモ・パックス」になってくれればうれしい。僕たちもそのときの環境に応じ、しぶとく、しかし協調的に蔓延っていってほしい。そして、姿が変わったとしてもなお、まだ「生命とはなにか」を考えつづけるような生物種であってほしいと。

著者紹介

長沼毅（ながぬま・たけし）

1961年、人類初の宇宙飛行の日に生まれる。深海生物学、微生物生態学、系統地理学を専門とし、極地、深海、砂漠、地底など極限環境に生存する生物を探索する。筑波大学大学院生物科学研究科博士課程修了、海洋科学技術センター（JAMSTEC、現・海洋研究開発機構研究員）、カリフォルニア大学サンタバーバラ校海洋科学研究所客員研究員などを経て現在、広島大学大学院生物圏科学研究科教授。著書に『辺境生物はすごい!』（幻冬舎新書）、『死なないやつら』（講談社ブルーバックス）、『生命とは何だろう?』（集英社インターナショナル）、共著書に『地球外生命』（岩波新書）ほか多数。

14歳の世渡り術 WORLDLY WISDOM FOR 14 YEARS OLD

生命の始まりを探して
僕は生物学者になった

2016年7月20日　初版印刷
2016年7月30日　初版発行

著　者　長沼毅

イラスト　山田博之
構成　井上英樹
ブックデザイン　高木善彦

発行者　小野寺優
発行所　株式会社河出書房新社
〒151-0051　東京都渋谷区千駄ヶ谷2-32-2
電話　(03) 3404-8611（編集）／(03) 3404-1201（営業）
http://www.kawade.co.jp/

印刷　凸版印刷株式会社
製本　加藤製本株式会社

Printed in Japan
ISBN978-4-309-61701-5